General Chemistry Lab Manual

일반화학실험

대구대학교 화학 · 응용화학과

녹 문 당

차례

안전수칙

다음에 제시하는 실험실에서 지켜야 할 안전규칙과 지도선생님께서 특별히 제시하시는 안전규칙 및 응급처리 방법을 기억해 두고 실행에 옮기도록 만반의 준비를 하자. 이들 지시사항은 안전을 위하여 필수적이다.

01. 소화기, 비상 샤워 및 구급약이 놓인 곳의 위치를 확인한다.

02. 실험실에서는 항상 실험복을 착용하여야 하고, 정숙한 몸가짐으로 다른 학생에게 방해가 되지 않도록 행동하여야 한다. 실험실에서 시약이 담겨진 기구를 들고 움직일 때에는 매우 조심하여야 하고, 실험실에서 뛰어 다녀서는 안 된다. 신발은 발등을 덮는 잘 미끄러지지 않는 운동화를 또는 구두를 착용하는 것이 좋다.

03. 눈을 보호하기 위하여 반드시 보안경을 착용하도록 한다. 콘택트 렌즈는 가능하면 착용하지 않는 것이 좋으며, 눈에 시약이 들어갔을 경우에는 먼저 많은 양의 물로 씻은 다음 적절한 치료를 받도록 한다.

04. 대부분의 시약은 유독하므로 맛을 보아서는 안된다. 시약의 냄새를 맡고자 할 때에는 얼굴을 향하여 손으로 부채질을 하여 냄새를 맡도록 하고, 다량의 기체를 흡입하지 않도록 주의한다.

05. 실험실의 창문을 열고 후드를 작동시켜 실험실의 통풍이 잘 되도록 유의한다.

06. 시약은 반드시 시약병의 표지를 확인한 후 사용하도록 하고 기체가 발생하는 시약은 후드 밖으로 가지고 나오지 않아야 한다. 시약병은 반드시 두 손을 사용하여 병의 몸통 부분과 바닥을 받쳐들어야 한다. 한 손으로 병의 마개를 잡고 옮기지 않는다.

07. 가스 버너를 사용하는 경우에는 사전에 사용 방법을 충분히 알아 둔다. 유리기구를 가열할 경우에는 반드시 석면판을 사용하여 유리기구에 직접 가스 불꽃이 닿지 않도록 한다.

08. 액체를 가열할 때에는 끓임쪽(비등석 boiling chip)을 사용하여 액체가 튀어

오르지 않도록 하고, 시험관의 입구가 주위의 학생을 향하지 않도록 조심한다. 인화성이 있는 액체는 반드시 물 중탕을 사용하여 가열한다.

09. 뜨거운 유리기구는 반드시 집게를 사용하여 취급한다. 장갑을 준비하면 편리하다.

10. 공해 물질은 반드시 회수통을 이용하여 모두 회수하고, 싱크나 휴지통에 버려서는 안 된다. 특히, 진한 산, 염기 또는 유기용매를 싱크에 버리지 않도록 한다.

11. 유리관을 취급하는 경우에는 장갑을 착용하거나 수건을 사용하도록 한다. 유리관을 자른 후에는 반드시 가스 불꽃으로 끝을 둥글게 하여야 한다. 유리관은 물을 묻혀 고무마개에 끼우도록 하고 무리한 힘을 가하지 않도록 한다.

12. 진한 산을 묽힐 때에는 언제나 물을 천천히 저으면서 산을 가한다. 물을 산에 부으면 갑자기 뜨거워진 용액이 튀어 위험하다.

13. 독성이 있거나 냄새가 심한 기체가 발생할 때에는 항상 후드에서 실험하여야 한다. 후드를 사용할 때에는 후드 안에 머리를 넣지 않도록 한다.

● 폐수, 폐용매의 회수 요령

사용한 용매 또는 산, 염기는 반드시 지정된 회수통에 회수하여 정해진 곳에 버려야 한다.

01. 산은 버리도록 표시된 산 폐기통에 버린다.

02. 염기는 버리도록 표시된 염기 폐기통에 버린다.

03. 사용한 유기용매는 유기용매 회수통에 버린다.

실험실 사고 발생의 경우 응급처리

실험실내에서 화재, 폭발 또는 부상 등의 사고가 발생할 경우에는 당황하지 말고 침착하게 적절한 응급처리를 하고, 반드시 담당 조교에게 안전 확인을 받은 후 실험을 계속한다.

01. 화재가 발생하였을 때 : 버너, 전기 등의 열원을 모두 끄고, 인화성 물질을 먼 곳으로 옮기며, 화학화재용 소화기 또는 모래를 사용하여 소화 작업을 한다. 물에 잘 섞이지 않는 유기용매에 불이 붙었을 경우에는 절대로 물을 사용하여서는 안된다.

02. 의복에 불이 붙었을 때 : 당황하여 뛰지 말고, 담요나 실험복을 덮어 불을 끈다. 얼굴 부근에 붙은 불이 아닐 경우에는 화학화재용 소화기를 사용하여도 좋다. 또한, 물에 섞이지 않는 유기용매에 의해 붙은 불이 아닐 경우 물을 사용할 수도 있다.

03. 불에 의한 화상 : 찬물로 냉각시킨 후 적절한 치료를 받는다.

04. 시약에 의한 화상 : 즉시 다량의 깨끗한 물로 씻는다. 산에 의한 화상일 경우는 묽은 탄산수소나트륨 용액으로, 염기성 시약에 의한 화상일 경우에는 묽은 아세트산 용액으로 씻은 후, 적절한 치료를 받는다.

05. 눈에 시약이 튀어 들어갔을 때 : 다량의 깨끗한 물로 세척한 후, 반드시 의사의 검진을 받도록 한다.

06. 시약을 마셨을 때 : 즉시 손을 입에 넣어 토하도록 하고 의사의 응급 처치를 받도록 한다.

07. 유독한 기체를 흡입하였을 때 : 즉시 통풍이 잘 되는 곳으로 옮기고, 앉거나 누워서 깊게 호흡을 한다. 다량의 기체를 흡입하였을 경우에는 즉시 의사의 치료를받는다.

08. 베었을 때 : 3% 과산화수소(옥시풀)로 씻은 후 거름종이 또는 깨끗한 수건을 사용하여 지혈이 되도록 한다.

09. 폭발이 발생하였을 때 : 일단 실험실에서 모든 학생을 대피시키고, 화재가 발생하였을 경우 방독면을 착용하고 화학화재용 소화기를 사용하여 소화한다. 실험실의 통풍이 잘 되도록 조처하고 유독성 기체가 없음을 확인한 후 뒤처리를 한다.

만일 사고가 발생하였을 경우에는 즉시, 담당 조교에게 알려 담당 교수와 연락할 수 있도록 한다.

시약병에 표시된 시약의 독성기호

Explosive

Oxidizer

Flammable

Toxic

Harmful or Irritant

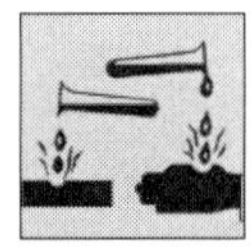
Corrosive

Environmentally Toxic

기호	약자	설명
Explosive	E	폭발의 가능성이 있음
Oxidizer	O	탈 수 있는 물질을 점화시킬 수 있음
Flammable	F^{+}	스스로 불이 붙을 수 있음
Toxic	T	신체에 매우 해로움
Harmful or Irritant	Xn	신체에 해로움
Corrosive	C	접촉 시 녹을 수 있음
Environmentally Toxic	N	환경에 해가 될 수 있음

시약 취급법

고체나 액체시약을 다루는 몇 가지 간단한 예를 아래 그림에 설명하였다.

한번 더 기억해 두자 !

01. 공동용 시약을 각자의 실험대로 가져가서는 안 된다.

02. 시약병에 있는 시약의 순도를 일정하게 유지하도록 주의해야 한다.

03. 필요 이상의 시약을 취하거나 한번 따라낸 과량의 시약을 절대로 시약병에 다시 넣어서는 안된다.

04. 시약병 마개를 실험대에 함부로 놓으면 실험대 위에 오물이 마개에 묻을 염려가 있으므로 마개를 실험대에 놓아서는 안 된다.

05. 피펫이나 메디신 드롭퍼는 시약병에서 시료용액을 취한 다음 시험관이나 용액의 표면에 닿지 않도록 한다음 한 방울씩 용액 위에 떨어뜨린다.

고체시약을 소량 취급하는 법

(a) 마개의 내부에 시약이 묻도록 병을 기울이면서 돌린다. (b) 마개에 시약이 묻어 있도록 조심해서 마개를 연다. (c) 약숟가락으로 마개를 가볍게 두드려서 필요한 양을 떨어뜨린다.

고체시약을 많이 취하는 법

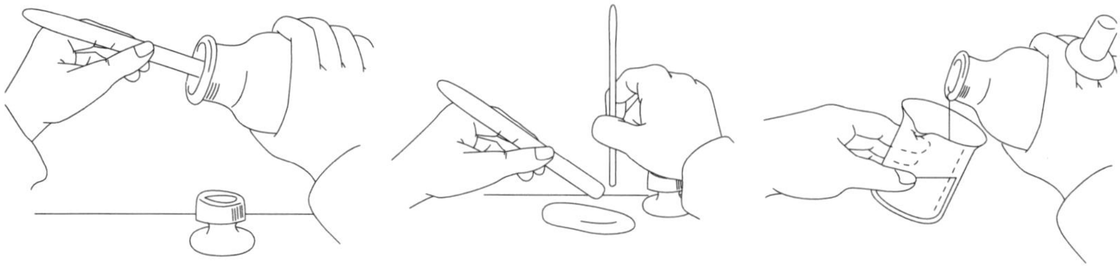

(a) 약숟가락을 이용하여 시약을 취한다.

(b) 약숟가락을 유리막대로 가볍게 두드려서 필요한 양을 취한다.

(c) 또는 병을 기울여 돌리면서 원하는 양을 취한다.

액체시약병의 마개를 열고 닫는 방법

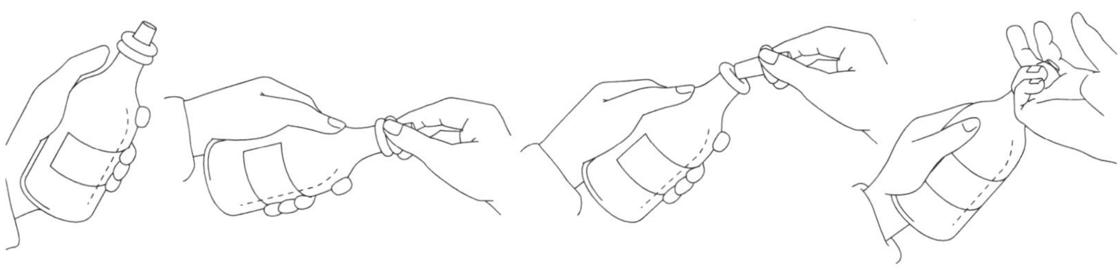

(a) 반드시 라벨을 두 번 이상 읽는다

(b) 액체가 마개에 묻도록 병을 기울인다..

(c) 마개를 열어 병의 입구에 가까이 가져간다 다음 마개에 묻은 액체를 떼어낸다.

(d) 액체를 취한 다음 마개를 닫는다. 이 조작은 마개를 열 경우에도 해당된다.

(주의 : 병마개의 모양에 따라 조작법이 달라진다. 마개가 그림과 같이 할 수 없는 모양이면 마개의 안쪽이나 끝이 위로 향하게 실험대 위에 놓는다.)

액체시약을 따르는 방법

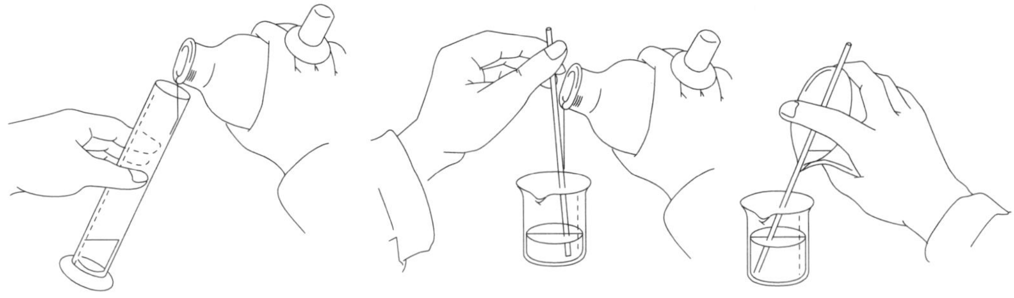

(a) 마개를 실험대 위에 놓아서는 안 된다.

(b) 유리막대를 사용한다.

(c) 비이커의 내용물을 따를 때의 모습

깨끗한 유리그릇과 더러운 유리그릇

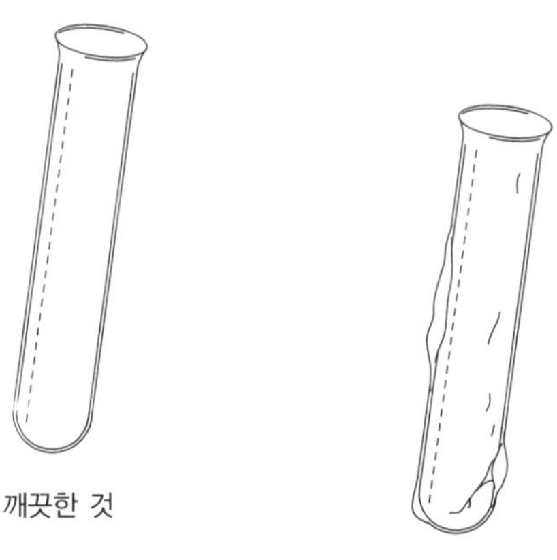

깨끗한 것

더러운 것

메디신드롭파의 사용법

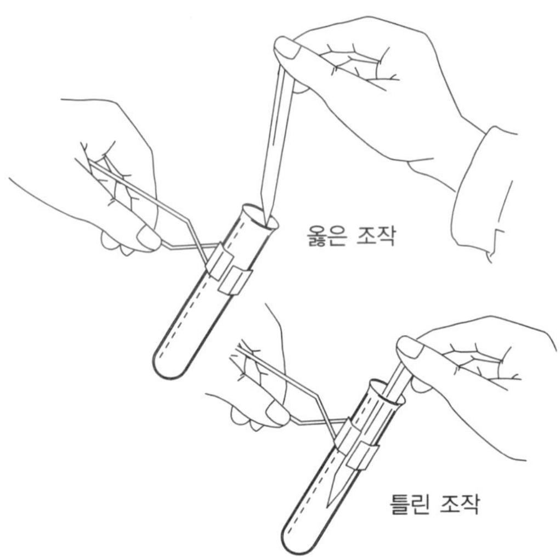

실험_01

고체 혼합물의 분리

순수 물질의 대부분은 혼합물로부터 분리된 것이다. 혼합물에 있는 여러 순수한 성분을 분리하기 위해서는, 먼저 각 성분의 물리적, 화학적인 성질을 알고 있어야 한다. 즉 혼합되어있는 각 성분의 성질을 비교하고 그 차이점을 잘 활용해야 한다.

이 실험에서는 요리재료로 자주 사용되는 밀가루, 백색 설탕 및 소금이 서로 뒤섞여 버렸을 때, 각각의 성분을 분리할 수 있는 방법을 자율적으로 탐구하기로 한다.

목 적 PURPOSE

여러 성분이 섞인 고체혼합물에서 순수한 물질을 분리할 수 있다.

재료 및 기구 REAGENT & APPARATUS

밀가루, 백색설탕, 소금, 고체혼합물(밀가루(약 20%) + 백색설탕(약 40%) + 소금(약 40%)), 비이커, Hot plate, 깔때기, 거름종이, 그 밖에 각 조에서 필요하다고 인정되는 재료 또는 기구.

실험 방법 PROCEDURE

이 실험은 각 조별로 자율적으로 수행한다.

01. 밀가루, 백색설탕, 소금의 물리적인 성질의 유사점과 차이점을 조사한다.

02. 고체혼합물(밀가루(약 20%) + 백색설탕(약 40%) + 소금(약 40%))에 섞여 있는 각 성분을 분리할 수 있는 방법을 모색해 본다.

03. 고체혼합물(약 50 g)을 지급 받아 질량을 측정한 다음, 정해진 시간 안에 각 성분을 분리하는 실험을 수행한다. 이 실험에서 사용하는 용매는 물로 한정한다.

04. 분리한 성분을 맛으로 확인해 본다.

질문 QUESTION

01. 고체혼합물(밀가루(약 20%) +백색설탕(약 40%) + 소금(약 40%))의 각 성분을 분리할 수 있는 방법 및 과정을 기술하시오.

02. 세 가지 성분을 모두 분리하지 못하였다면, 그 이유는 무엇이라 생각하는가?

03. 시판 중인 정제된 소금의 밀도를 측정할 수 있는 방법을 설명해 보시오.

실험 01 고체 혼합물의 분리

실험일자 :

실 험 자 : 학번 학과 조 이름

실험_02

혼합물의 분리 II

배 경 BACKGROUND

혼합물이란 서로 반응하지 않는 두 가지 이상의 성분이 서로 섞여 있을 물질을 말한다. 순수한 물질을 사용해야만 하는 실험을 수행하기위해 실험에서 혼합물에서 순수한 물질을 분리하는 과정은 매우 중요하다. 또한, 이 분리 작업을 하는 동안에는 물질의 성질은 변하지 않아야 한다.

목 적 PURPOSE

서로 반응하지 않는 두 가지 이상의 성분들을 고유한 물리적 성질을 이용하여 혼합물로부터 분리하여 각 물질들의 고유한 특성을 알아본다.

재료 및 기구 REAGENT & APPARATUS

기구	리비히 냉각기, 증발 접시, 삼발이, 중탕냄비, 눈금 실린더, 쇠그물, 비이커, 스탠드, 가지 달린 플라스크, 미터 자, 온도계, 잉크, 거름종이, 접시저울
재료	메틸알코올, 증류수, 염화나트륨, 탄산칼슘

안전주의사항 SAFETY & HINT

- 기구 사용법을 숙지하시오.
- 보안경을 착용하고 실험실 안전 수칙을 따르시오.
- 화합물 시료를 조심해서 다루시오.

실험 방법 PROCEDURE

100 mL 눈금 실린더를 사용하여 증류수 25 mL, 메틸알코올 100 mL를 각각 취하고 염화나트륨(NaCl) 및 탄산칼슘($CaCO_3$) 분말 1 g 씩을 접시저울로 달아 비이커에 모두 넣은 후 잘 섞는다.

1 여과법

물이나 알코올에 녹지 않는 탄산칼슘을 제거하기 위하여 아래 그림 2-1과 같이 깔때기에 거름종이를 끼우고 증류수를 약간 부어서 거름종이가 깔때기에 밀착되도록 한다.

거름 액은 떨어지면서 튀지 않도록 하기 위해 깔때기 끝이 비이커 옆면에 닿게 하고 혼합 용액을 붓는다. 시료를 걸러낸 거름종이를 증발접시 위에 놓은 후 거름종이의 탄산칼슘을 약간의 증류수로 씻은 후 건조기에서 약 20분간 건조시킨 후 접시저울로 무게를 달아본다.

여과한 후에 완전히 건조된 $CaCO_3$의 무게

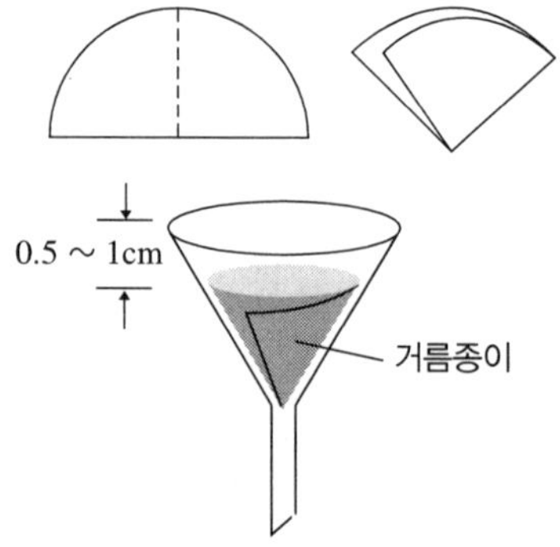

그림 2-1 거름종이 사용법

2 분별증류

깨끗이 씻은 250 mL 가지 달린 플라스크에 여과시킨 혼합 용액과 비등석 몇 개를 넣고 그림 2-2와 같이 고무마개에 온도계를 꽂은 후 스탠드에 고정시킨 후 리비히 냉각기에 연결한다.

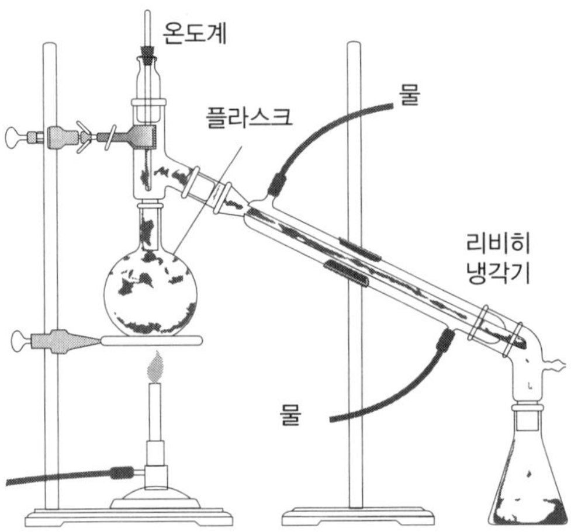

그림 2-2 증류장치

플라스크 밑면에 물이 얼어 있으면 마른 수건으로 닦고 버너로 가열한다. 혼합액이 끓기 시작할 때 온도계 눈금을 관찰하고 냉각기를 통해서 얻어지는 액체가 20 mL가 되면 버너를 끈다. 이 때 얻어진 액체를 증발 접시에 약간 쏟아 불이 붙는가를 확인한다.

분별 증류에 의하여 얻어진 액체의 종류 ______________

3 증류법

가지 달리 플라스크 안에 남아 있는 용액을 주의 깊게 증발 접시에 부은 후 증발 접시의 액체가 모두 증발할 때까지 버너로 가열한다.

거의 증발되면 흰 고체가 되는데 액체가 완전히 증발되었다고 생각할 때 버너를 끈다. 가열할 때 불꽃이 너무 강하면 흰 고체가 사방으로 튀어 나오므로 약한 불꽃으로 조절하면서 증발시켜야 한다.

완전히 증발시킨 흰 고체를 거름종이에 모아 접시저울로 무게를 측정한다.

증류법에 의하여 얻어진 NaCl의 무게 ______________ g

실험 02 혼합물의 분리 Ⅱ

실험일자 :

실 험 자 : 학번 학과 조 이름

실험_03

혼합물의 조성결정

배 경 BACKGROUND

이 실험에서는 이수화염화바륨(bariumchloride dihydrate, $BaCl_2 \cdot 2H_2O$)과 무수염화바륨(anhydrous barium chloride, $BaCl_2$)으로 이루어진 혼합물의 조성을 결정하는 방법을 배운다. 우선 혼합물 중의 물의 백분율을 결정한 다음 바륨의 백분율을 결정하면 이 혼합물의 조성을 결정할 수 있다. 물의 함량을 결정하기 위해서는 시료를 가열하여 함유되어 있는 물을 수증기로서 날려 보냄으로써 전체 시료를 무수 $BaCl_2$로 변화시킬 때의 무게의 감소를 측정한다. 바륨의 함량을 결정하기 위해서는 앞에서 얻은 무수염화바륨을 물에 녹인 다음 여기에 과량의 황산이온을 가하여 다음과 같이 난용성의 황산바륨(barium sulfate)으로 침전시킨다.

$$Ba^{2+} + SO_4^{2-} = BaSO_4(s)$$

이 황산바륨의 침전을 걸러 물로 씻은 다음 말려서 무게를 측정한다.

목 적 PURPOSE

일반적으로 혼합물이라 함은 두 가지 이상의 순수한 물질이 섞여 있는 상태로 구성 성분인 각 물질들은 자신의 고유한 특성을 그대로 유지하고 있다. 이들 성분물질들의 물리적 성질이나 화학적 성질을 이용하여 혼합물의 조성을 결정하는데 그 목적이 있다.

재료 및 기구 REAGENT & APPARATUS

기구	자제도가니, 버너, 깔때기, 삼각석쇠, 거름종이, 도가니집개, 유리젓개, 링과 스탠드, 50 mL 및 100 mL 비이커, 접시저울, 건조 오븐
재료	증류수, 진한 염산, 3M H_2SO_4, 아세톤

안전주의사항 SAFETY & HINT

- 기구 사용법을 숙지하시오.
- 보안경을 착용하고 실험실 안전 수칙을 따르시오.
- 화합물 시료를 조심해서 다루시오.

실험 방법 PROCEDURE

자제도가니와 그 뚜껑을 잘 씻은 다음 오븐에서 건조시킨다. 건조를 좀 더 철저히 시키기 위하여 도가니를 스탠드에 매단 링에 올려놓은 삼각석쇠 위에 놓고 버너의 불꽃으로 철저히 가열한다(그림 3-1을 보라). 뚜껑도 똑같은 식으로 건조시킨다. 도가니와 뚜껑을 실온까지 냉각시킨 다음 함께 분석용 저울 위에 놓고 1 mg까지 정확하게 무게를 칭량한다. 담당교수에게서 미지시료를 받아 접시저울 위에서 약 2 g을 칭량하여 앞서 무게를 재어 두었던 도가니에 옮겨 담고 뚜껑을 덮은 다음 이 전체의 무게를 분석용 저울에서 1 mg까지 정확히 측정한다.

도가니 + 뚜껑의 무게 ____________

도가니 + 뚜껑 + 미지시료의 무게 ____________

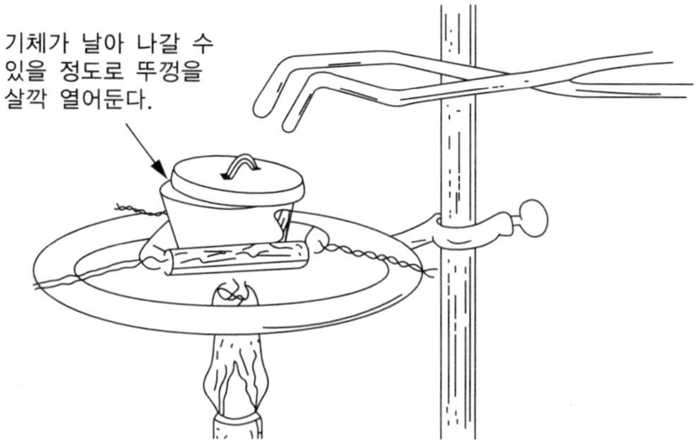

그림 3-1 가열방법

시료가 들어 있는 도가니를 스탠드에 고정시켜 놓은 삼각석쇠 위에 놓는다. 고리의 높이는 도가니의 밑바닥이 버너의 불꽃 분출구로부터 약 10 cm 가량 떨어져 있도록 조절한다. 도가니의 뚜껑을 약간 열어서 수증기가 날아 갈 수 있도록 한 다음 그림 3-1 버너의 불을 붙인다. 도가니를 이런 식으로 약 10분 동안 가열한 다음 도가니의 밑바닥이 밝은 푸른 불꽃 끝에 살짝 닿을 정도로 고리를 낮추어서 온도를 올려준다. 이러한 상태로 약 3 분가량 가열한 다음 불을 끄고 도가니를 실온까지 식힌다. 도가니가 식는 동안 바륨의 함량을 결정하는 실험을 준비한다. 도가니가 실온까지 식은 다음 분석용 저울 위에서 1 mg까지 정확히 무게를 측정한다. 이렇게 도가니의 무게가 일정한 값을 지니게 될 때까지 이 과정을 계속한다. 불꽃으로 가열하기 전의 시료가 든 도가니의 무게에서 이때의 무게를 뺀 차이가 시료 중에 들어 있는 물의 무게이다.

가열 후 실온으로 식힌 다음 도가니 + 뚜껑 + 미지시료의 무게 ____________

다음에는 250 mL 비이커를 씻기병에 들어 있는 증류수로써 충분히 헹군다. 또 미지 시료의 무수물이 들어있는 도가니의 밑바닥과 겉을 씻어낸 다음 도가니와 뚜껑 및 그 속에 들어 있는 내용물을 건조시키지 않은 채로 비이커 속에 넣는다. 이때 도가니의 뚜껑은 벗어져 있는 상태로 하고 또 도가니는 옆으로 눕혀져 있도록 한다. 도가니가 살짝 잠길 정도까지 비이커에 증류수를 부어 넣은 다음 시료가 모두 녹을 때까지 깨끗한 유리 젓개로 저어준다. 도가니집게의 끝을 조심스럽게 깨끗이 씻은 다음 이 집게를 써서 도가니와 그 뚜껑을 비이커로부터 끄집어낸다. 끄집어 낼 때 씻기병의 증류수를 가볍게 뿜어 도가니와 그 뚜껑 및 집게의 끝부분에 묻어있는 용액을 씻어 내어 비이커의 용액과 합쳐지게 한다. 여기에 약 1 mL의 진한 염산을 가한 다음 전체부피가 대략 150 mL가 되도록 묽힌다. 이 용액을 버너 위에서 거의 끓을 정도로 가열한다(이것은 비이커의 바닥에 증기의 기포가 가끔 생기는 것을 보아 판단할 수 있다). 눈금 실린더로 8 mL의 묽은(3M) 황산용액을 저어주면서 빨리 가한다. 이때 $BaSO_4$의 흰색 앙금이 생길 것이다. 시계접시로 비이커를 덮은 다음 용액을 10분 동안 거의 끓을 정도로 가열한다.

버너를 끄고 결정이 바닥에 가라앉을 때까지 방치하여 둔다. 정량분석용 거름종이를 담당조교에게서 받아 그림 3-2에 보인 것과 같은 방식으로 접은 다음 원추 꼴로 만든다. 이 거름종이를 깨끗하고 마른 시계접시 위에 놓고 전체의 무게를 분석용 저울 위에서 1 mg 정도까지 정확하게 측정한다. 원추 꼴의 거름종이를 깔때기(6.5 cm)에 끼운다(그림 3-2).

거름종이 + 시계접시의 무게 ____________

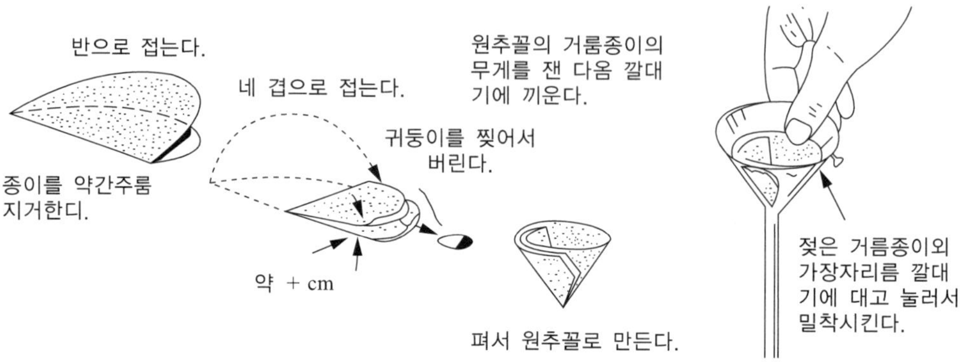

그림 3-2 거름종이의 접는 법과 깔때기에 끼우는 법

$BaSO_4$의 앙금을 걸러 내고 거른 용액은 다른 하나의 깨끗한 400 mL 비이커에 받는다. 거를 때 물방울이 튀지 않도록 하기 위하여 젓개 막대를 비이커의 주둥이에 수직으로 밀착시켜 용액이 젓개 막대를 따라 흘러 내려 거름종이 위에 떨어지도록 한다(그림 3-3). 가라앉은 앙금 윗부분의 맑은 액체의 2/3 가량을 가만히 먼저 부어내려 뿌옇게 보인다면 다른 비이커를 밑에 받치고 다시 한 번 거른다. 상층액을 거른 다음 남아 있는 앙금과 액체의 혼합물을 잘 저어 주고 이렇게 하여 생긴 현탁액을 거름종이 위에 부어내린다. 깔때기 중의 액면의 높이가 거름종이의 끝 부분에서 1/2 cm 떨어진 곳 이상으로 올라오지 않도록 주의해야 한다. 거른 액이 약간이라도 뿌옇게 보이면 앞에서 말한 것처럼 다시 거른다.

비이커의 벽에 묻어 있는 용액과 앙금을 씻기병의 증류수로써 헹구어 내어 거름종이 위에 붓는다. 물로 씻기만 하여서 침전이 비이커의 벽으로부터 잘 떨어지지 않는 경우에는 유리젓개 끝에 고무 폴리스맨을 끼워서 잘 씻은 다음 이것을 써서 비이커로부터 침전을 씻어낸다.

거름이 끝난 다음 10 mL의 증류수로 거름종이에 있는 침전을 3회 씻는다. 다음에는 10 mL의 아세톤으로 결정을 씻는 조작을 5회 되풀이하여 결정이 빨리 마르도록 한다. 거름종이 뿔과 그 내용물을 조심스럽게 깔때기로부터 들어내어 앞서 거름종이를 놓고 무게를 재었던 시계접시 위에 놓은 다음 공기 중에 방치하여 건조시킨다. 아세톤의 냄새가 조금도 나지 않을 때까지 건조시킨 다음 시계접시와 거름종이 및 침전의 전체 무게를 1 mg까지 정확하게 측정한다. 아세톤이 완전히 날아가게 하는 가장 좋은 방법은 시계접시에 얹은 채로 거름종이와 침전을 책상 서랍 속에 넣어서 다음 실험시간까지 방치해 두는 것이다. 건조오븐을 사용할 경우에는 거름종이와 침전을 시계접시에 얹은 채로 건조오븐에 옮겨 놓고 비이커를 거꾸로 하여 시계접시를 덮은 다음 110℃에서 건조시킨다.

거름종이 + 시계접시 + $BaSO_4$의 무게 ______________

그림 3-3

실험 03 혼합물의 조성결정

실험일자 :

실 험 자 : 학번 학과 조 이름

실험_04

녹는점 측정

배 경 BACKGROUND

화합물의 고유한 성질로서 색, 냄새, 용해도, 녹는점, 끓는점, 그리고 상온에서의 상태(기체, 액체 또는 고체) 등의 물리적 성질들은 물질의 순도를 결정하거나 화합물의 종류를 확인하는데 매우 유용하다. 화합물의 밀도는 단위 부피의 물질이 가지는 질량으로 물질의 부피와 질량을 측정하여 얻을 수 있다.

용해도란 화합물이 용매에 녹는 정도를 나타내며, 또한 일정한 용매를 포화 용액으로 만드는데 필요한 용질의 양을 뜻한다. 화합물은 용매의 종류에 따라 독특한 용해도를 나타낸다. 소금(NaCl)은 물에서 매우 잘 녹지만, 벤젠, 에테르 등과 같은 유기 용매에는 잘 녹지 않는다.

화합물은 고유한 성질을 가지는데, 그 성질을 잘 알 수 있게 해주는 것으로 녹는점과 끓는점이 있다. 끓는점이란 액체와 기체가 평형 상태로 존재하게 되는 지점이고, 액체의 내부에서 기포가 발생하여 끓는 현상을 관찰할 수 있다. 액체 분자들이 분리되어 증기로 되려면 분자 간 인력을 극복해야 한다. 끓는점은 압력에 대단히 민감하고, 1기압에서의 끓는점을 정상 끓는점이라고 한다. 녹는점은 고체와 액체가 평형을 이루게 되는 온도이다. 녹는점과 끓는점은 분자간 힘이 셀수록 액체의 끓는점과 녹는점이 높다.

목 적 PURPOSE

밀도, 용해도, 끓는점과 같은 화합물의 물리적 성질을 확인하는데 목적이 있다.

재료 및 기구 REAGENT & APPARATUS

기구	녹는점 측정용 모세관과 고무줄, 온도계(300°C), 시험관과 코르크 마개, 비이커, 가스버너, 스탠드, 링, 클램프, 석면판
재료	증류수, 에탄올, 벤젠, 미지의 액체와 고체 시료, 기름, 중탕용 파라핀 기름

안전주의사항 SAFETY & HINT

- 기구 사용법을 숙지하시오.
- 보안경을 착용하고 실험실 안전 수칙을 따르시오.
- 화합물 시료를 조심해서 다루시오.

실험 방법 PROCEDURE

1 용해도 실험

01. 미지의 액체 시료나 또는 고체 시료 3~4 알 정도를 넣고, 물 약 2 mL를 넣어 잘 섞어준 다음 변화를 잘 관찰한다.

02. 실험 결과는 s(soluble, 잘 녹음), sls(slightly soluble: 약간 녹음), i(insoluble: 녹지 않음) 등의 기호로 구별하여 기록한다.

03. 에탄올과 벤젠을 사용하여 액체시료와 고체 시료를 각각 녹여 01, 02와 같은 방법으로 관찰하여 기록한다.

2 끓는점 측정 실험

01. 그림 4-1과 같은 장치를 조교선생님의 지시 하에 준비한다.

02. 시험관에 약 5 mL의 시료를 넣고, 온도계의 수은구 부분이 시료의 표면에서부터 약 2~5 m 정도 간격으로 떨어지도록 조절한다.

03. 먼저 액체시료에 넣고 천천히 가온시키면서, 온도 변화와 액체의 상태변화를 상세히 관찰 기록한다.

04. 온도가 일정하게 유지되는 지점을 기록한다.

05. 시료를 실온에서 식힌 후에 반복한다.

06. 인화성이 있는 시료나 끓는점이 낮은 시료의 경우에는 불꽃이 닿지 않도록

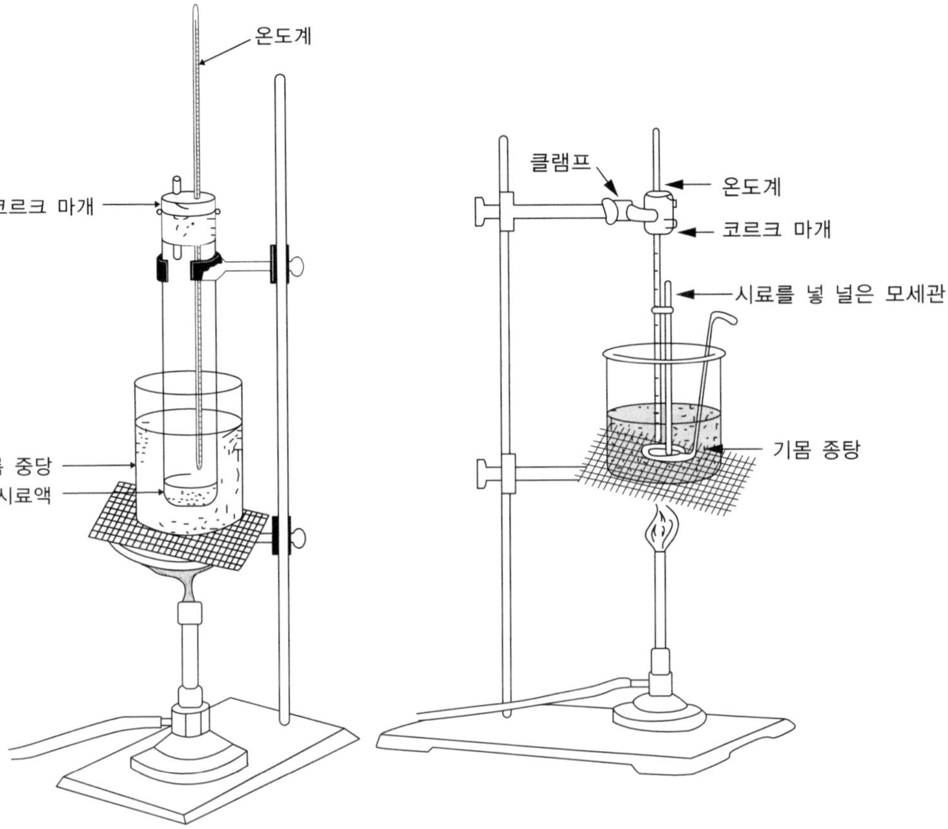

그림 4-1 끓는점 측정 장치

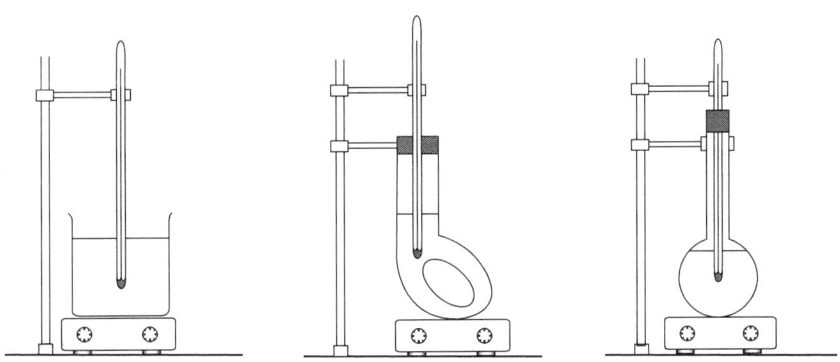

그림 4-2 녹는점 측정 장치

주의한다. 액체의 증기가 빠져 나갈 수 있도록 코르크 마개에 구멍을 하나 더 만든다.

표 4.1 여러 가지 화합물의 물리적 성질

화합물	밀도*	녹는점**	끓는 점**	용해도		
				물	에탄올	벤젠
아세트아미드	1.16	82.3	221	s	s	i
아세트아닐리드	1.22	114	304	sls	s	s
아세톤	0.79	−95	56	s	s	s
벤젠	0.88	5.5	80	i	s	−
질산카드뮴	2.46	59	132	s	s	−
탄산칼슘	2.93	−	−	i	i	i
수산화칼슘	2.24	580	−	sls	i	i
클로로포름	1.48	−63.5	62	i	s	s
염화코발트(II)	1.92	86	110, $-6H_2O$	i	s	s
p-디클로로벤젠	1.25	53	174	i	s	s
디페닐	0.87	71	256	i	s	s
디페닐메탄	1.02	−0.2	255	i	s	s
에탄올	0.79	−112	79	s	−	s
브롬화에틸	1.46	−119	38	i	s	s
헥산	0.66	−94	69	i	s	s
이소프로필알코올	0.79	−90	82	s	s	s
메탄올	0.79	−94	65	s	s	s
살리실산	1.44	159	−	sis	s	s
요소	1.32	135	−	s	s	i
물	1.00	0.0	100	−	s	i
질산아연	2.07	36	105	s	s	i

*g/mL/ **8C

3 녹는점 측정 실험

01. 그림 4-2와 같은 장치를 조교선생님의 지시 하에 준비한다.

02. 고체 시료를 잘 분쇄시켜서 고운 가루로 만들어 놓은 다음, 녹는점 측정용 모세관을 준비한다.

표 4.1 여러 가지 화합물의 물리적 성질

03. 모세관 끝을 실험대 위에서 조심스럽게 쳐서 가루가 약 5~7 mm 정도로 조밀하게 채워지도록 하면서 모세관에 채운다.

04. 모세관의 끝부분이 온도계의 수은구 옆에 오도록 고무줄을 사용하여 온도계에 고정시킨다.

05. 모세관가 온도계를 기름중탕에 넣어 천천히 가온시키면서 시료가 녹기 시작하는 온도를 눈으로 측정한다.
06. 이 실험을 다시 반복한다.
07. 시료가 상온에서 액체일 경우에는 시험관에 약 5 mL 정도의 액체 시료를 넣고, 온도계의 수은구가 액체에 완전히 잠기도록 조절한다.
08. 시험관을 얼음에 넣고 일정한 시간 간격으로 온도를 측정한다.
09. 측정시간과 온도를 이용하여 냉각곡선을 그리고, 액체의 어는점(또는 녹는점)을 결정한다.
10. 시료의 상태와 색깔, 그리고 이 실험에서 얻은 물리적 성질들로부터 표 4.1에서 가능한 화합물을 지적하여 보아라.
11. 기름 중탕을 사용할 때에는 클램프로 잘 고정하여 실험 장치가 넘어지지 않도록 주의한다. 끓는점이 100°C 이하인 경우에는 기름 중탕 대신 물중탕을 사용하여도 된다.

실험 04 녹는점 측정

실험일자 :

실 험 자 : 학번 학과 조 이름

실험_05

용해도와 분별결정

배 경 BACKGROUND

혼합물에서 각 성분물질로 분리하려면 한 가지 또는 그 이상의 물리적 변화를 이용하여 분리할 수 있고, 분리조작을 하는 동안 성분물질의 성질은 변하지 않아야 한다. 여러 순수한 물질의 성질은 다르므로 그 변화가 일어나는 동안에 얻어지는 한 부분에는 한 가지 이상의 물질이 존재할 수 있다. 따라서 어떤 혼합물에서 분리를 하려면 여러 가지의 물리적 변화가 쓰일 수 있다. 그러나 여기서는 보통 쓰는 것 중에서 가장 간단한 하나만을 골라 실험한다.

한 고체물질이 여러 가지 용매에 대한 용해도는 광범위하게 변화한다. 어떤 물질은 알려진 모든 용매에 전혀 녹지 않는다. 가령 거대한 분자성 물질은 모든 용매에 녹지 않는 대표적인 보기이다. 대부분의 물질은 하나 또는 그 이상의 용매에 대하여 상당히 잘 녹는다. 흔히 염이라고 불리는 물질은 물에 대한 큰 용해도를 가졌으나, 어떤 다른 용매에 대하여서는 비교적 작은 용해도를 가지고 있다. 주로 구성성분이 탄소와 수소로 되어 있는 유기물질은 벤젠이나 사염화탄소와 같은 유기용매에 비교적 잘 녹는다.

주어진 물질의 액체에 대한 용해도는 온도에 따라 예민하게 변화함을 알 수 있다. 대부분의 물질은 낮은 온도에서부터 높은 온도에서 주어진 용매에 잘 녹는다. 한편 어떤 물질의 용해도는 온도와 무관한 경우가 있으며, 극히 몇 가지의 물질들은 온도가 증가함에 따라 그 물질의 용해도가 감소하는 경향을 나타낸다.

물질의 용해도의 차를 이용하여, 어떤 혼합물에서 한 성분을 아주 순수하게 분리할 수 있다. 이 실험에서는 중크롬산칼륨 과 염화나트륨을 포함하는 시료가 주어질 것이다. 용매로 물을 써서 이 혼합물에서 각 성분을 분리하게 될 것이다. 중크롬산칼륨($K_2Cr_2O_7$) 염화나트륨(NaCl)은 그림 5-1에 나타낸 바와 같이 온도에 따라 서로 다른 용해도를 가지는 물에 녹는 이온성 물질이다.

염화나트륨은 0°C와 100°C 사이에서 용해도의 변화가 작지만, 중크롬산칼륨의 용해도는 그림에서와 같이 그 온도 범위에서 약 16배 이상이나 증가한다. 염화나트륨과 중크롬산칼륨의 질량을 포함하고 있는 수용액이 주어졌다면, 낮은 온도에서는 $K_2Cr_2O_7$이, 높은 온도에서는 NaCl이 각 용액으로부터 보다 쉽게 순수한 형태로 결정화될 것이다. 이와 같은 NaCl과 $K_2Cr_2O_7$의 보기에서와 같이 용해도의 성질을 이용함으로써 순수한 물질을 회수하는 방법을 분별결정법이라고 한다. 이 분별결정법은 화학자들이 순수한 물질을 분리하기 위하여 쓰는 기초적인 과정의 하나이다.

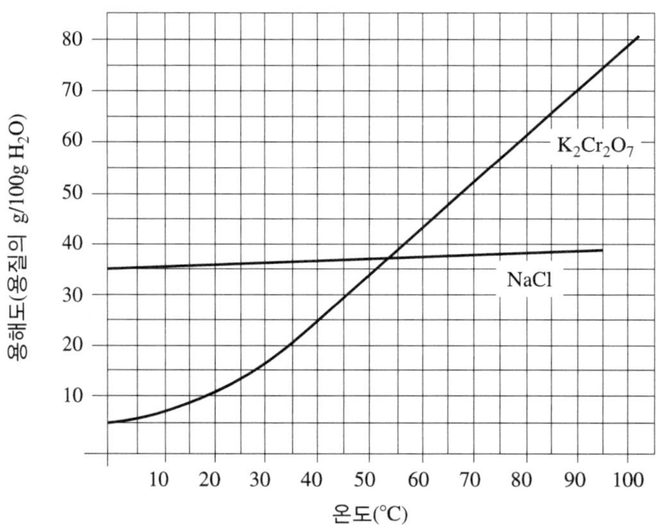

그림 5-1 $K_2Cr_2O_7$과 KCl의 용해도 곡선

목 적 PURPOSE

용해도 차이를 이용하여 $K_2Cr_2O_7$과 NaCl을 석출시킴으로써 혼합물로부터 물질을 분리하는 방법을 익힌다.

재료 및 기구 REAGENT & APPARATUS

기구	아스피레이터, 감압 거름플라스크, Büchner 깔때기 100 mL 및 250 mL 비이커 거름종이
재료	아세톤, 수용액, $K_2Cr_2O_7$, NaCl

안전주의사항 SAFETY & HINT

- 기구 사용법을 숙지하시오.
- 보안경을 착용하고 실험실 안전 수칙을 따르시오.
- 화합물 시료를 조심해서 다루시오.

실험 방법 PROCEDURE

약 7 g의 불순한 NaCl을 어림저울로 정확히 재고 100 mL 비이커에 넣고 여기에 25 mL의 물을 붓고 가열하면서 잘 저어서 고체를 완전히 녹인다.

NaCl의 질량: ____________ g

불순한 $K_2Cr_2O_7$을 약 15 g 정도 어림저울로 정확히 재고 250 mL 비이커에 넣고 여기에 또한 30 mL의 물을 넣어서 용액이 거의 끓을 때까지 가열한다.

$K_2Cr_2O_7$의 질량: ____________ g

그림 5-2에서와 같이 감압 거름 장치를 꾸민다.

그림 5-2 감압 거름 장치

뜨거운 두 용액을 깨끗한 거름종이로 걸러서 거름플라스크에 받은 다음 용액을 흔들어서 섞고 플라스크를 수돗물로 냉각한다. 수돗물이 플라스크 안에 들어가지 않게 주의해야 한다. 수득률을 높이기 위해서는 침전이 생기기 시작한 뒤에도 약 3~4분간 계속하여 플라스크를 흔들어서 냉각한다. 플라스크 속의 내용물을 모두 비이커에 깨끗이 옮긴 다음 고체를 거른다. 고체를 비이커로부터 깔때기로 옮길 때에 폴리스맨(Policeman, 유리막대 끝에 고무관이 달린 것)을 쓰면 편리하다. 가압하여 거를 때 용액을 되도록 완전히 뽑아내기 위하여 깨끗한 고무마개로 깔때기 위의 침전을 약하게 누른다. 이 결정은 두었다가 나중에 재결정한다. 용해도 곡선을 보고 용액이 원래의 부피를 고려하여 거른 액에 $K_2Cr_2O_7$이 대략 몇 g 남아 있는가를 계산하고 기록한다(이 용액을 앞으로 용액 A라고 부른다).

거른 용액 A에 남은 $K_2Cr_2O_7$의 질량: ____________ g

용액 A를 250 mL 비이커에 옮기로 약 2~3 cm 길이의 유리관 두 조각을 넣고 가열하여 용액을 원래의 부피의 약 1/4로 만든다. 유리관은 용액이 끓을 때 갑자기 튀지 않게 하기 위한 것이다. 그래도 용액이 튀면 용액을 저어라. 10 mL의 물이 들어 있는 감압 플라스크를 써서 위에서 만든 뜨거운 용액을 거른다. 거른 액(용액 B)을 100 mL 플라스크에 모은다. 이때 고체가 생기기 시작하면 폴리스만을 써서 그 고체도 전부 플라스크에 옮긴다. 거름종이 위의 고체를 아세톤으로 씻은 다음 말린다. 이렇게 하여 얻은 NaCl을 질량을 잰 시험관에 넣고 질량을 측정하고 라벨을 붙인다.

용액 B를 냉각하면 $K_2Cr_2O_7$의 고체를 더 얻을 수 있다. 전과 같은 방법으로 거르고 먼저 얻은 $K_2Cr_2O_7$과 합친다. 말리지 말고 그대로 질량을 잰다(물의 질량이 약 5%라고 가정하여 질량의 5%를 뺀다). 결과를 기록한다.

석출된 NaCl의 질량: ____________ g
석출된 $K_2Cr_2O_7$의 질량: ____________ g

용해도 곡선을 보고 석출된 $K_2Cr_2O_7$을 100℃에서 녹이는데 필요한 물의 최소량을 mL 단위로 계산한다.

물의 양: ____________ mL

이 계산된 양의 물을 작은 플라스크에 넣고 위에서 얻은 $K_2Cr_2O_7$을 넣는다. 그리고 완전히 녹을 때까지 가열한다. 플라스크에 마개를 막고 냉각하여 결정을 석출시킨다.

이렇게 재결정한 $K_2Cr_2O_7$의 결정을 감압 거름으로 거른 후 결정을 두 장의 거름종이 사이에 놓고 가볍게 눌러서 물기를 대강 없앤 후 말린다. 완전히 말리기 위해서는 하룻밤쯤 두어야 하지만 시간이 모자라면 그대로 질량을 재고 5%의수분이 있다고 생각하여 보고한다.

재결정된 $K_2Cr_2O_7$의 질량: ______________ g
반응식으로부터 계산된 $K_2Cr_2O_7$의 질량: ______________ g
$K_2Cr_2O_7$의 수득률: ______________

이 실험에서 얻은 $K_2Cr_2O_7$ 및 NaCl의 결정을 각각 시험관에 넣어 라벨을 붙여서 제출한다.

실험 05 용해도와 분별결정

실험일자 :

실 험 자 : 학번 학과 조 이름

실험_06

음료수의 pH와 이산화탄소의 농도

배 경 BACKGROUND

청량음료를 마실 때 톡 쏘는 맛과 함께 시원함을 느끼게 하는 것은 음료에 함유된 이산화탄소 때문이라고 한다. 이산화탄소를 함유하고 있는 음료를 흔히 탄산음료라고도 한다. 탄산음료는 세계적으로 1780년경부터 제조되었고, 우리나라에서는 20세기에 제조가 시작됐다고 한다. 사이다와 콜라 등의 음료에는 이산화탄소 외에도 다른 물질도 첨가되어 있다. 특히 이산화탄소(CO_2)는 물과 반응하여 탄산(H_2CO_3)으로 변한다(식 (1)). 그러므로 탄산음료를 마시면 바로 이 탄산 수용액을 먹게 되는 것이다. 수용액에서 탄산은 식(2) 와 (3)과 같이 해리되어 H_3O^+이온을 생성한다. 너무 많은 탄산음료를 복용하는 것은 치아나 뼈에 좋지 않다고 하는데, 그 이유 중 하나는 탄산 H_2CO_3의 산성도 때문이라고 한다.

$$CO_2 + H_2O \rightarrow H_2CO_3 \qquad (1)$$

$$H_2CO_3 + H_2O = H_3O^+ + HCO_3^- \quad Ka_1 = 5.5 \times 10^{-7} \qquad (2)$$

$$HCO_3^- + H_2O = H_3O^+ + CO_3^{2-} \quad Ka_2 = 1.3 \times 10^{-11} \qquad (3)$$

본 실험에서는 사이다, 콜라, 맥주 등에 녹아 있는 pH를 측정해 보기로 한다. 이 실험을 통해 음료수의 pH에 미치는 이산화탄소의 영향도 알 수 있을 것이다.

목 적 PURPOSE

용액의 pH 측정법을 안다. 아울러 이산화탄소가 청량음료의 pH에 미치는 영향을 안다.

재료 및 기구 REAGENT & APPARATUS

음료수(사이다, 콜라, 맥주, 오렌지 주스 등), pH meter, 리트머스 시험지

실험 방법 PROCEDURE

각 음료수 별로 다음의 실험을 수행한다.

01. 냉장고에서 막 꺼낸 음료수(약 30 mL)를 비이커에 넣은 다음, 음료수의 pH를 측정한다.

02. 음료수의 $[H^+]$를 계산하시오. 이 음료수(30 mL)를 중화시키기 위해 필요한 0.1M NaOH 수용액의 부피를 계산해 보시오.

03. 음료수가 담긴 비이커를 따뜻한 물중탕에 방치하면, 음료수에 녹아 있던 이산화탄소가 기화된다. 이산화탄소의 기화가 더 이상 일어나지 않으면, 비이커를 물중탕에서 꺼낸 다음 음료수의 pH를 측정한다. 이때 음료수의 액성이 중성인지 아니면 산성인지 확인하시오. 만약 여전히 산성이라면 그 이유는 무엇인지 알아봅시다.

질문 QUESTION

1. pH를 측정한 여러 음료수의 산성도에 차이가 있다면, 그 이유를 설명해 보시오.

2. 음료수가 담긴 비이커를 따뜻한 물중탕에 방치했을 때 pH에 변화가 있다면, 그 이유를 설명해 보시오.

3. 음료수가 담긴 비이커를 따뜻한 물중탕에 방치한 후에도 음료수가 여전히 산성이라면, 그 이유가 무엇인지 적어 보시오.

4. 알루미늄캔으로 포장된 탄산음료의 과도한 섭취가 인체에 어떤 영향을 미칠 수 있는지 생각해 봅시다.

실험 06 음료수의 pH와 이산화탄소의 농도

실험일자 :

실 험 자 : 학번 학과 조 이름

실험_07

물의 염소량 측정

배 경 BACKGROUND

물중에서 염소이온(Cl^-)이 존재하는 원인은 바닷물의 영향이나 지질에 의하여 유래되는 것을 제외하면 오염에 의한 것이다. 음료수로 사용되는 지하수는 지질에 의한 염소이온을 비교적 적은 량을 함유하고 있다. 그러나 도시의 지하수의 일부는 분뇨 및 가정하수 등의 오염에 의하여 지하수의 염소이온 함유량은 증가되고 있으나 지질에 의한 염소이온과의 구별이 어렵다. 따라서 염소이온은 물중에 함유된 그 량만으로 오염을 판정하기는 어렵고 다른 항목의 측정치나 세균학적 시험성적 등을 종합적으로 고려하여 판정한다.

물중에서 염소이온의 정량방법은 질산은($AgNO_3$)을 침전제로 사용하는 방법에 근거한 적정법으로 은적정법(argentometric methods)을 이용한다. $AgNO_3$은 할로겐화물 및 할로겐화물과 유사한 음이온(SCN^-, CN^-, CNO^-), 지방산 및 2가와 3가 무기음이온의 정량에 사용된다. 예로 $AgNO_3$는 NaCl(소금)의 Cl^-와 반응하여 AgCl 침전을 생성하는 반응하여 다음과 같이 화학양론적이므로 적정을 가능하게 한다.

$$AgNO_3(aq) + NaCl(aq) \rightleftharpoons AgCl(s) + NaNO_3(aq)$$

염소이온의 검출을 위한 침전적정법으로 Mohr법은 지시약으로 크롬산(K_2CrO_4)이 사용된다. Mohr법의 적정반응은 은이온과 염소이온이 반응하여 흰색 침전물 AgCl(s)을 정량적으로 생성하는 반응에 기초한다. 이때 지시약인 크롬산이온(CrO_4^{2-})은 은이온과 반응하여 붉은색침전물인 크롬산은($AgCrO_4$)을 생성하여 종말점을 나타낸다.

염화이온의 검출을 위한 Mohr법의 적정반응은 다음과 같다

$$Ag^+ + Cl^- \rightleftharpoons AgCl(s)\text{흰색} \quad (1)$$

적정에서 당량점에 도달하면 염화이온은 모두 AgCl(s)흰색 침전을 생성하게 되고, 당량점 이후에 뷰렛의 질산은이 조금 더 적가되면, 과량의 은이온과 지시약 크롬산이온이 반응하여 붉은색 침전물 $AgCrO_4$(s)을 생성하여 종말점을 나타낸다.

$$2Ag^+ + CrO_4^{2-} \rightleftharpoons AgCrO_4(s)\text{붉은색} \quad (2)$$

목 적 PURPOSE

지하수 및 샘물 등 천연 음료수 등에 존재하는 염소이온과 수돗물에서 소독제로 사용한 염소제품에 의한 잔류염소를 검출하여 음료수의 적합여부 판정에 자료로 이용한다. 또한 소금을 사용하는 음식물 중에서 염소량을 정량 분석하여 권장 소금 섭취량의 설정 등에 도움을 주는데 목적이 있다.

재료 및 기구 REAGENT & APPARATUS

	갈색뷰렛(50 mL), 뷰렛 스탠드, 삼각 플라스크(100 mL), 비이커(200 mL), 용량 플라스크(100 mL), 100 mL 눈금실린더. 홀 피펫 (20 mL), 자석교반기. 막자사발. 여과장치
	0.01M $AgNO_3$ 표준용액, 5.0×10^{-3}M K_2CrO_4, NaCl. 30% HNO_3 용액, $AaHCO_3$

안전주의사항 SAFETY & HINT

- 기구 사용법을 숙지하시오.
- 보안경을 착용하고 실험실 안전 수칙을 따르시오.
- 화합물 시료를 조심해서 다루시오.

실험 방법 PROCEDURE

1 지하수 및 수돗물의 염소량 측정

01. 지하수 및 수돗물 시료 100 mL를 각각 250 mL 비이커에 취하고 $NaHCO_3$ 1 g 정도 추가한다. 만일 시료를 보관하여 사용할때는 30% HNO3 용액 5방울을 넣어 산성으로 한다.

02. 시료 비이커에 지시약 $K_2Cr_2O_4$ 2~3방울을 넣는다.

03. 0.01 M $AgNO_3$ 표준용액을 서서히 적가 한다. 이때 적정용액이 적갈색을 나타내면 흔들러 주면 적갈색이 없어진다. 다시 0.01 M $AgNO_3$ 표준용액을 서서히 적가하여 $AgCrO_4(s)$ 적갈색이 15초 동안 흔들어서 없어지지 않을 때를 종말점으로 한다.

계산: 0.01 M $AgNO_3$ 표준액 1000 mL = NaCl 0.5844 g(Cl= 0.3545 g)
0.01 M $AgNO_3$ 표준액 1 mL = NaCl 0.5844 mg(Cl= 0.3545 mg)

2 반찬의 소금량 측정

01. 무장아찌 1~2 g을 비이커나 시계접시를 이용해 달아 막자사발에 넣고, 잘게 부순 다음 막자사발에 증류수를 가해 막자사발의 장아찌 시료를 준비한 비이커로 옮긴다. 이때 막자사발에서 장아찌 시료를 씻어내는 과정은 2~3회 되풀이 하여 충분히 씻어낸다.

02. 비이커의 장아찌 시료를 여과지를 사용해 여과하고, 찌꺼기는 폐기 한다.

03. 여과액은 100 mL 용량플라스크에 옮기고 표선까지 증류수를 채워 장아찌 시료용액을 만든다.

04. 홀 피펫을 사용하여 시료용액 20 mL를 분취하여 삼각플라스크에 넣어 실험 1과 같은 방법으로 적정한다.

계산: 무장아찌에 시료에 함유된 소금의 량
= 5 × (0.01 M $AgNO_3$ 표준액 소모량)

참고: 조제한 $AgNO_3$ 표준용액은 갈색 병에 보관한다.

3 기구준비

01. 그림 7-1처럼 적정장치를 준비한다.

02. 자석 교반기를 준비한다.

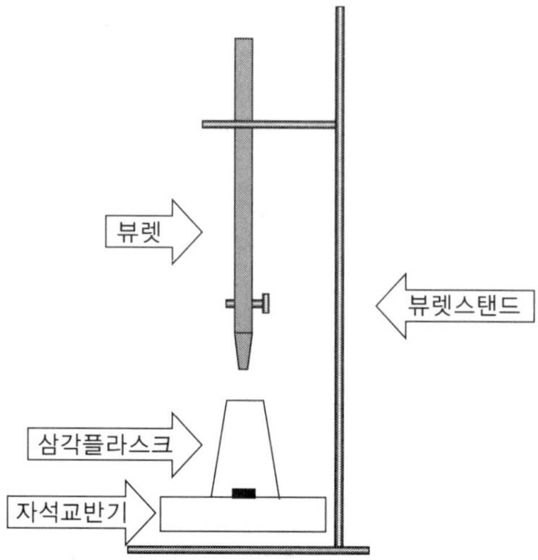

그림 7-1 적정장치

4 데이터 기록:

실험 (가). 지하수 및 수돗물에서 염소량 측정
지하수 시료에 적정에 소요된 0.01 M $AgNO_3$ 표준용액의 소모 mL수:
수돗물 시료에 적정에 소요된 0.01 M $AgNO_3$ 표준용액의 소모 mL수:
지하수의 100 mL의 염소량:
수돗물의 100 mL의 염소량:

실험 (나). 반찬 시료의 소금량 측정
무장아찌 시료적정에 소요된 0.01 M $AgNO_3$ 표준용액의 소모 mL 수:
무장아찌 시료의 소금량:

질문 QUESTION

01. 침전적정법으로 Mohr법의 장점 및 단점은 무엇인가?

02. 지시약으로 크롬산(K_2CrO_4) 이외의 다른 지시약을 사용하는 방법은 무엇이 있는가?

03. 만일 크롬산 이외의 다른 지시약을 사용할 때 지시약의 종류에 따라 반응 종말점의 특징을 설명하시오.

04. K_2CrO_4를 지시약으로 사용할 때 정량할 수 있는 무기 음이온은 어떤 것이 있을까?

실험 07 물의 염소량 측정

실험일자 :

실 험 자 : 학번 학과 조 이름

실험_08

산-염기 적정

배 경 BACKGROUND

산-염기적정은 산 또는 염기용액 일정량의 분석물 시료에 농도를 알고 있는 산 또는 염기 표준용액을 뷰렛을 사용하여 첨가하여 표준시약의 부피를 측정하는 방법으로 반응물의 몰 관계를 이용하는 일종의 부피분석법이다. 산과 염기의 반응은 중화반응을 통하여 수용액 중에서 H^+와 OH^-이 반응하여 중성염과 물을 생성하기 때문에 산-염기적정을 중화적정이라고도 한다. 적정과정을 통하여 산에 염기를 가하면 염기는 산의 양을 줄이거나 낮춘다. 산과 염기를 적절한 양으로 혼합하면 그들의 특성은 사라진다.

정확한 적정은 분석성분을 함유하는 용액에 반응물을 화학양론(stoichiometry)적 당량으로 가해야 한다. 산-염기적정은 농도를 정확하게 알고 있는 표준용액의 일정한 부피와 화학양론 적으로 반응하는 상대 용액의 부피를 정확히 측정할 때 사용되는 분석법이다. 따라서 산-염기 적정에서 산과 반응하는 염기의 당량 수는 산의 당량 수와 일치하여야 하므로 농도와 부피를 알고 있는 산에 염기를 가하는 적정을 통해 중화반응이 완결될 때 소요된 부피를 정확하게 측정하여 염기의 농도를 계산한다.

화학양론은 화학반응에 관여한 물질의 양을 표시하고자 할 때 사용된다. 화학반응에 관여한 몰질 량(Mwt)을 알고, 균형화학식을 알고 있을 때 반응물과 생성물의 양을 계산할 수 있다. 이때 양은 몰, 질량(g 단위) 및 부피(L 단위)로 나타낸다.

참고: 당량(equivalent): 한 반응단위를 제공할 수 있는 화학종의 몰 수
화학양론(stoichiometry): 반응하는 화학종 사이의 정량적인 관계로 정의

목 적 PURPOSE

이 실험은 농도를 정확히 알고 있는 HCl 표준용액을 이용하여 표준화하고자 하는 염기 KOH 용액을 적정하여 KOH 용액의 농도를 계산하여 표준화하는 적정실험이다. 실험의 목적은 적정실험으로 표준화한 KOH 용액을 사용하여 미지농도의 산성 시료들을 적정하여 여러 종류의 산성 시료용액의 농도를 구하는데 둔다.

재료 및 기구 REAGENT & APPARATUS

기구	뷰렛(50 mL), 뷰렛 스탠드, 삼각 플라스크(100 mL), 비이커(200 mL), 용량 플라스크(500 mL), 100 mL 눈금실린더. 홀 피펫(20 mL). 자석교반기
재료	0.1M HCl 표준용액, KOH 용액, 산성 시료용액, Phenolphthalein 용액

안전주의사항 SAFETY & HINT

- 기구 사용법을 숙지하시오.
- 보안경을 착용하고 실험실 안전 수칙을 따르시오.
- 화합물 시료를 조심해서 다루시오.

실험 방법 PROCEDURE

1 KOH 용액의 농도측정

01. 깨끗이 씻은 뷰렛(50 mL)을 1개를 준비한다.

02. 표준화할 대략 0.1 M KOH 용액은 KOH 2.4 g 정도를 달아 비이커(200 mL)에 넣고 증류수로 녹인 후 용량 플라스크(500 mL)로 옮겨 넣는다. 다시 비이커를 증류수로 씻고, 씻은 용액을 용량플라스크에 넣는 과정을 2~3회 반복하고, 용량플라스크의 나머지 부분은 증류수를 더 가해 표선까지 채워 만든다.

03. 비이커(200 mL)에 표준화할 미지농도의 KOH 용액을 10 mL 정도를 덜어 넣고, 이 용액 5 mL 정도를 뷰렛에 부어 넣은 후 위아래로 흔들어 헹군 다음 헹군 용액은 다른 비이커에 보관하였다가 폐기하고, 뷰렛은 표준화할 KOH 용액으로 채운다.

04. 적정 시료 0.1 M HCl 표준용액은 깨끗한 삼각플라스크(100 mL) 3개에 홀 피펫(20 mL)을 사용하여 20 mL씩 분취하여 A1, A2 및 A3을 준비한다. 준비된 HCl 표준용액 A1, A2 및 A3에 각각 phenolphthalein 지시약 용액 세 방울씩을 넣는다.

05. 적정실험은 자석교반기를 이용하여 적정용액을 저어 주면서 뷰렛의 KOH용액을 서서히 가하고, 적정용액이 엷은 분홍색을 적어도 30초 동안 지속될 때까지 적정을 계속한다. 이때 색의 변화가 일어나는 종말점(end point) 부분에서는 뷰렛의 눈금을 0.01 mL씩 정확하게 읽고 기록한다.

06. A1, A2 및 A3의 적정결과를 이용하여 표준화할 KOH 용액의 농도를 각각 계산하고, 평균값을 얻는다.

2 미지시료의 농도 측정

01. 미지 산 시료는 깨끗한 삼각플라스크(100 mL) 3개에 홀 피펫(20 mL)을 사용하여 20 mL씩 분취하여 S1, S2 및 S3을 준비한다.

02. 적정실험은 자석교반기를 이용하여 적정용액을 저어 주면서 뷰렛의 KOH용액을 서서히 가한다. 실험1의 과정과 같이 적정하고, 뷰렛의 눈금은 0.01 mL씩 정확하게 읽고 기록한다.

03. 적정 실험을 세 번 반복하여 각각의 결과를 비교하고 평균값을 얻는다.

3 기구준비

01. 그림 8-1처럼 적정장치를 준비한다.

02. 자석 교반기를 준비한다.

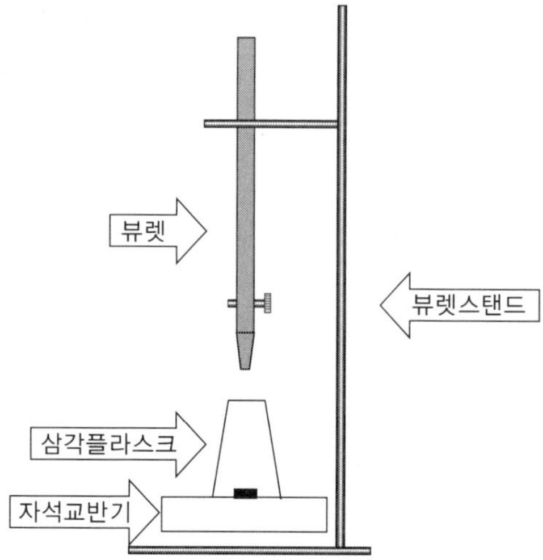

그림 8-1 적정장치

4 데이터 기록

실험1: KOH 용액의 농도측정

표준화할 KOH 시료	A1	A2	A3
HCl 표준용액의 농도	0.1 M	0.1 M	0.1 M
HCl 표준용액의 부피	20 mL	20 mL	20 mL
적정에 소요된 KOH용액의 부피			
계산한 KOH 용액의 농도			
평균값			

실험2: 미지 산성시료의 농도측정

미지산성 시료	S1	S2	S3
표준화된 KOH 농도의 평균값			
표준화된 KOH 부피			
미지 산성시료의 부피	20 mL	20 mL	20 mL
계산된 산성시료의 농도			
평균값			

질문 QUESTION

01. HCl과 NaOH의 반응식을 완결하여라.

02. 실험1과 2에서 실험 종말점과 이론 당량점의 pH는 다를 수 있다. 종말점과 당량점(equiv-alence point)의 pH가 다른 이유는 무엇인가?

03. 뷰렛눈금은 소수점 두 자리까지 읽어야 한다. 그 이유를 유효숫자 개념을 이용하여 설명하라.

04. 실험1에서 사용할 수 있는 지시약의 종류는 어떤 것들이 있는가?

05. 만일 0.1M HCl 표준용액으로 이가 염기인 0.1M Na_2CO_3 표준용액을 적정하는 경우 당량점은 두 곳에서 생긴다. 이때 지시약으로 phenolphthalein과 methyl orange을 사용하였다면 두 당량점의 대략적인 pH를 예측하고 그 이유를 설명하라.

실험 08 산-염기 적정

실험일자 :

실 험 자 : 학번 학과 조 이름

실험 _ 09

수소이온 농도와 지시약

배 경 BACKGROUND

순수한 물은 일부가 자체 이온화 반응을 통하여 소량의 하이드로늄이온 H_3O^+ 와 수산화이온 OH^-를 생성한다. 수용액 중에서 물의 이온화 반응은 다음과 같다.

$$H_2O + H_2O \rightleftharpoons H_3O^+ + OH^- \quad (1)$$

위와 같은 반응에서 순수한 물의 평형상수 K는 다음과 같이 표현된다.

$$K = \frac{[H_3O^+ + OH^-]}{[H_2O^2]} \quad (2)$$

수용액에서 물의 농도는 하이드로늄이온이나 수산화이온 농도에 비해 매우 크므로 평형상수를 다음과 같이 변형하여 나타낼 수 있다. 이때 새로운 상수 Kw를 물의 이온곱 상수(ion-product constant for water)라 한다.

$$K[H_2O]^2 = Kw = [H_3O^+][OH^-] \quad (3)$$

25°C 에서, 물의 이온곱 상수 $Kw = 1.0 \times 10^{-14}M$ 값을 가진다.

수용액 중의 $[H_3O^+]$와 $[OH^-]$는 $1.0 \times 10^{-7}M(mol/L)$이다. 이때 $[H_3O^+]$는 수소이온농도만을 간단히 표현하여 $[H^+]$를 사용하기도 한다.

$[H^+]$는 pH 단위로 $[OH^-]$는 pOH 단위로 변형하여 계산하려면 다음 식을 이용하여 계산한다.

$$pH = -\log[H^+] \quad (4)$$

$$pOH = -\log[OH^-] \quad (5)$$

식 (4)와 (5)식을 이용하여 수용액의 $[H_3O^+]$와 $[OH^-]$를 pH와 pOH 단위로 계산하면 순수한 물의 pH = pOH = 7.0은 중성이다. 따라서 pH와 pOH는 다음 관계를 가진다.

$$pH + pOH = 14.0 \qquad (6)$$

다음은 수용액의 산성, 중성 및 염기성을 pH 눈금으로 나타낸 것으로 중성용액은 pH 7.0이다.

							중성								
pH:	0	1	2	3	4	5	6	7	8	9	10	11	12	13	14
액성:	산성						←		→						염기성

수용액에 존재하는 물질의 pH를 측정하는 방법으로 산-염기 지시약(acid base indicator)을 사용한다. 지시약은 용액 중의 수소이온농도 또는 pH의 변화에 따라 용액의 색이 변하는 염료를 말한다. 이때 산성 지시약은 산성 용액의 일정한 범위에서 변색을 하고, 염기성 지시약은 일정한 범위의 염기성 용액에서 변색을 하는 지시약이다. 여러 산-염기 지시약을 이용하여 pH 11.0~14.0 범위에서 수용액의 수소이온 농도를 측정할 수 있다. 더 정확한 pH 측정은 pH 미터를 이용하여 측정한다.

참고: 몇 가지 중요한 산-염기 지시약

지시약	변색범위, pH	산성 색	염기성 색
thymol blue	1.2~2.4	red	blue
bromocresol green	3.8~5.4	red	orange
cresol red	7.2~8.8	yellow	red
alizarin yellow R	10.1~12.0	yellow	orange/red

목 적 PURPOSE

실험의 목적은 여러 산-염기 지시약을 이용하여 수용액의 수소이온 농도를 측정하는데 있다.

실험은 수소이온 농도를 이미 알고 있는 표준용액에 여러 산-염기 지시약을 가하고 색깔의 변화를 관찰하는 방법이다. 같은 방법으로 시료용액에 지시약을 가하여 색깔변화 결과 와 표준용액의 실험 결과로부터 수소이온 농도와의 관계를 확인하고, 위 결과를 바탕으로 시료용액의 수소이온 농도와 pH를 구하는 실험방법이다. 참고에는 몇 가지 중요한 산-염기 지시약을 수록하였다.

재료 및 기구 REAGENT & APPARATUS

기구	비이커(50 mL) 1개, 시험관(2.5 × 19 cm) 35개, 시험관 꽂이(20개용) 2개, 메스피펫(20 mL) 2개, 유리막대
재료	0.1 M HCl 용액, 0.1 M NaOH 용액, 0.1 M 아세트산 용액, 1.0 M 암모니아 용액, thymol blue 용액, bromocresol green 용액, cresol red 용액, alizarin yellow R, 리트머스 시험지(청색, 적색)

안전주의사항 SAFETY & HINT

- 기구 사용법을 숙지하시오.
- 보안경을 착용하고 실험실 안전 수칙을 따르시오.
- 화합물 시료를 조심해서 다루시오.

실험 방법 PROCEDURE

1 산 표준용액 만들기

01. 시험관(2.5 × 19cm) 10개를 준비하고, 각 시험관에는 T1~T10까지 번호를 표기한다.

02. 메스피펫을 사용하여 T1 시험관에 0.1M HCl 용액 10mL를 넣는다.

03. 메스피펫을 사용하여 T1용액 1mL를 T2 시험관에 옮기고 여기에 메스피펫으로 9mL의 증류수를 넣은 다음 유리막대로 잘 젓는다.

04. 메스피펫을 사용하여 T2 용액 1mL를 T3 시험관에 옮기고 여기에 메스피펫으로 9mL의 증류수를 넣은 다음 유리막대로 잘 젓는다.

05. 위와 같은 방법으로 T4 및 T5 산 표준용액을 만든다.

06. 새로운 시험관 T6에는 T1용액 약 반 정도를 각각 분취하여 넣고, T7시험관에는 T2 시험관의 용액 약 반을 분취하여 넣는다. T3, T4 및 T5의 용액은 T8, T9 및 T10 시험관과 같은 방법으로 분취하여 만든다.

(1) thymol blue 지시약의 색변화

01. 위에서 만든 T1~T5 용액에는 thymol blue 용액을 한 방울씩 넣는다.

02. 각각의 색변화를 관찰하고 기록한다.

(2) bromocresol green 지시약의 색변화

01. 위에서 만든 T6~T10 용액에는 methyl orange 용액을 한 방울씩 넣는다.

02. 각각의 색변화를 관찰하고 기록한다.

2 염기 표준용액 만들기

01. 시험관(2.5 × 19 cm) 10개를 준비하고, 각 시험관에는 B1~B10까지 번호를 표기한다.

02. 메스피펫을 사용하여 B1 시험관에 0.1M NaOH 용액 10 mL를 넣는다.

03. 메스피펫을 사용하여 B1용액 1 mL를 B2 시험관에 옮기고 여기에 메스피펫으로 9 mL 의 증류수를 넣은 다음 유리막대로 잘 젓는다.

04. 산 표준용액 제조와 같은 방법으로 B3~B5의 염기 표준용액을 만든다.

05. 새로운 시험관 B6에는 B1용액 약 반 정도를 각각 분취하여 넣고, B7시험관에는 B2 시험관의 용액 약 반을 분취하여 넣는다. B3, B4 및 B5의 용액은 B8, B9 및 B10 시험관과 같은 방법으로 분취하여 만든다.

(1) cresol red 지시약의 색변화

01. 위에서 만든 B1~B5 용액에는 cresol red 용액을 한 방울씩 넣는다.

02. 각각의 색변화를 관찰하고 기록한다.

(2) alizarin yellow R 지시약의 색변화

01. 위에서 만든 B6~B7 용액에는 alizarin yellow R 용액을 한 방울씩 넣는다.

02. 각각의 색변화를 관찰하고 기록한다.

3 시료 용액의 pH 측정

01. 미지시료 용액 10 mL 를 깨끗한 시험관 2개에 5 mL 정도로 나누어 넣는다.

02. 미지시료가 산성인지 또는 염기성을 나타내는지는 리트머스 시험지를 이용하여 확인하여 산 및 염기 지시약 사용을 결정한다.

03. 용액이 산성이면 산 지시약을, 그리고 염기성이면 염기 지시약을 넣는다.

04. 표준용액과 색을 비교하고 관찰 결과를 기록한다.

4 미지 농도의 산과 염기

01. 1.0 M 아세트산 용액 10 mL 2개 시험관에 나누어 넣는다.

02. 각각의 시험관에 두 종류의 산 지시약을 각각 넣는다.

03. 산 표준용액과 색을 비교하고 결과를 기록한다.

04. 1.0 M 암모니아 용액 10 mL를 2개 시험관에 나누어 넣는다.

05. 각 시험관에 두 종류의 염기 지시약을 각각 넣는다.

06. 염기 표준용액과 색을 비교하고 결과를 기록한다.

5 기구준비

01. 시험관 꽂이(20개용) 2조에 시험관(2.5 × 19 cm)을 15개를 준비한다.

실험결과

실험1 시험관번호	농도 $[H_3O^+]$ $[OH^-]$	예상 pH	표준용액의 색 t. blue	표준용액의 색 b. green	실험 3 미지시료	실험4 CH_3COOH
T1			T6	T1		
T2			T7	T2		
T3			T8	T3		
T4			T9	T4		
T5			T10	T5		

실험2 시험관번호	농도 $[H_3O^+]$ $[OH^-]$	예상 pH	표준용액의 색 c. red	표준용액의 색 a. yellow R	실험 3 미지시료	실험4 NH_4OH
B1			B6	B1		
B2			B7	B2		
B3			B8	B3		
B4			B9	B4		
B5			B10	B5		

질문 QUESTION

01. 실험 3의 실험 결과로부터 미지시료 용액의 $[H_3O^+]$ 와 $[OH^-]$를 구하시오.

02. 1.0 M CH_3COOH과 1.0 M NH_4OH의 pH와 pOH를 구하시오.
단 CH_3COOH의 Ka = 1.75×10^{-5}이고, NH_40H의 Kb = 1.75×10^{-5}이다

03. 0.1 M HCl 용액과 0.1 M CH_3COOH 용액에 thymol blue 지시약을 가했을 때 두 용액의 색변화가 같거나 다른 경우 그 이유를 설명하시오.

04. 지시약의 색변화를 나타내는 pH 변색범위(간격)에 영향을 주는 요인들은 무엇인가?

실험 09 수소이온 농도와 지시약

실험일자 :

실 험 자 : 학번 학과 조 이름

실험_ **10**

흡열반응과 발열반응

배 경 BACKGROUND

모든 화학반응은 얼마간의 에너지를 흡수하고 방출한다. 이 두 양의 차이가 반응열이다. 방출되는 에너지의 양이 흡수되는 에너지의 양보다 더 많으면, 반응열은 음의 값(생성물의 에너지는 반응물의 에너지보다 적다)을 갖는다. 방출하는 에너지보다 더 많은 에너지를 흡수하면 반응열은 양의 값을 갖는다.

열에너지가 방출되는 반응을 발열반응이라고 한다. 발열반응에서 생성물은 반응물보다 열에너지가 낮다. 그 차이만큼의 열에너지는 주위로 이동하고 주위의 온도 증가에 의해서 측정된다. 어떤 반응들은 주위로부터 열을 흡수하는데. 이러한 반응을 흡열반응이라고 한다. 흡열 반응에서는 생성물이 반응물보다 열에너지가 높다.

목 적 PURPOSE

이 실험에서는 발열반응인지 흡열반응인지 알아보기 위하여 두 가지 반응을 조사할 것이다. 첫 번째 반응에서는 베이킹 소다를 시트르산과 반응시킨다. 두 번째 반응에서는 마그네슘 금속을 염산과 반응시킨다. 두 반응 모두에서 온도변화를 측정하기 위하여 온도탐침을 사용할 것이다.

재료 및 기구 REAGENT & APPARATUS

기구	Xplorer, GLX스테인레스 온도 탐침, 저울, 250 mL 비이커, 스티로폼 컵 2개, 100 mL 눈금실린더, 시료용 스푼, 안전장비
재료	0.5 M 염산 30 mL, 1.5 M 시트르산 30 g, 마그네슘 금속조각 0.5 × 2 cm, 질량측정용 종이, $NaHCO_3$ 10 g, 철섬유, 증류수 500 mL

안전주의사항 SAFETY & HINT

- 기구 사용법을 숙지한다.
- 보안경을 착용하고 실험실 안전 수칙을 따른다.
- 화합물 시료를 조심해서 다룬다.

실험 방법 PROCEDURE

1 기구준비

01. 그림 10-1처럼 기구를 준비한다.

- 스티로폼 컵을 250 mL 비이커 안에 넣는다.
- 온도 탐침을 컵 안에 위치한다.

그림 10-1

2 Xplorer GLX 준비

온도탐침을 GLX 왼쪽 측면의 1 또는 2 에 꽂는다.

3 데이터 기록

이 실험에서는 젖은(액체) 시료에 건조한(고체) 시료를 더하게 된다. 반응물을 섞기 위하여 온도탐침으로 젓고 온도 변화를 기록한다.

반응 I - 베이킹소다와 시트르산의 반응

01. 1.5 M의 시트르산 30.0 mL를 온도 탐침과 함께 스티로폼 컵에 넣는다.

02. 질량 종이에 베이킹소다 10.0 g 을 잰다.

03. ▶키 를 눌러 온도 기록을 시작한다.

04. 약 20 초 후에 베이킹소다를 시트르산 용액에 첨가한다.

05. 용액이 잘 섞이도록 온도탐침으로 부드럽게 젓는다.

06. 온도가 일정해 질 때 까지 온도변화를 기록한다. ▶키를 눌러 기록을 마친다.

07. 조교의 지시에 따라 화합물 시료를 처리한다.

반응 II – 마그네슘 금속과 염산의 반응

01. 반응 I에서처럼 비이커, 스티로폼 컵, 온도탐침을 준비한다.

02. 0.5 M 염산 30.0 mL를 온도 탐침과 함께 스티로폼 컵에 넣는다.

03. 2 cm 마그네슘 금속 조각을 철섬유로 깨끗이 한다
(주의: 장갑이나 종이를 사용하여 철섬유를 집는다).

04. ▶키를 눌러 온도 기록을 시작한다.

05. 약 20초 후에 깨끗한 마그네슘 조각을 염산용액에 첨가한다.

06. 온도탐침으로 용액을 부드럽게 젓는다.

07. 온도가 일정해 질 때 까지 온도변화를 기록한다. ▶키를 눌러 기록을 마친다.

08. 조교의 지시에 따라 화합물 시료를 처리한다.

4 분석

분석을 마치면 데이터 표에 계산 결과를 기록한다.

01. 시간에 대한 온도 그래프를 조사하여 어느 반응이 흡열이고 어느 반응이 발열인지 알아본다(힌트: 그래프에서 커브의 기울기를 확인하라. 음의 기울기는 반응이 흡열이고 양의 기울기는 발열을 의미한다).

02. 위 방향키(△)를 눌러 데이터 커서를 첫 번째 데이터 값에 놓는다. F3

키를 눌러 메뉴의 Statistics를 선택한다. 그래프 아래에 나타난 자료로부터 최고 온도와 최저 온도를 표에 기록한다.

03. 마그네슘과 염산의 반응에 대하여 **02**의 과정을 반복한다.

04. 각 반응에 대하여 최종온도와 처음온도로부터 온도변화를 계산한다.

5 데이터 표

온도변화를 계산한다.

	베이킹소다/시트르산	마그네슘/염산
최저온도		
최고온도		
온도변화		

질문 QUESTION

01. 온도 변화가 음인 반응은 어떤 반응인가? 이 반응은 흡열인가 발열인가? 설명하시오.

02. 각 반응에 대하여 화학반응이 일어나고 있음을 알 수 있는 것 세 가지를 쓰시오.

03. 어느 반응의 반응속도가 더 빠른가? 설명하시오.

실험 10 흡열반응과 발열반응

실험일자 :

실 험 자 : 학번 학과 조 이름

실험 _ 11

르샤틀리에의 원리

배 경 BACKGROUND

화학을 배우는 학생으로서 여러분은 화학 반응을 나타내는 식을 읽고, 쓰고, 균형을 조절하는 일에 매우 익숙해져 있을 것이다. 이제, 예전에 잘 알지 못하였던 기호들을 손쉽게 읽을 수 있을 것이다. 예를 들어, 다음 식을 읽어보자:

$$H_2(g) + O_2(g) \longrightarrow H_2O(l)$$

수소 기체와 산소 기체가 반응하여 물을 생성하는 반응이다. 화살표의 왼쪽은 반응물을 오른쪽은 생성물을 나타낸다. 이 식은 물분자가 반응의 생성물이라는 사실을 명백하게 보여준다. 일반적으로 이러한 종류의 식을 읽을 때 여러분은 반응이 일어나면 반응물이 모두 사용되었고 반응이 시작될 때 존재하였던 물질 대신 생성물이 존재한다고 가정할 수 있다.

전기분해를 통해, 액체상태 물을 수소와 산소 기체로 다시 분해할 수 있다. 이 과정을 설명해주는 식은 위의 식을 역으로 뒤집은 것이다:

$$H_2O(l) \longrightarrow H_2(g) + O_2(g)$$

실제로, 모든 반응은 정방향과 역방향 모두 발생될 수 있다(조건이 적합한 경우). 일반적으로, 우리는 이러한 2개의 반응 중 하나가 더 빨리 진행되거나 극한 족건에서만 일어나기 때문에 이러한 사실을 알지 못한다. 그러나, 일부 반응은 정반응 및 역반응이 유사한 속도로 그리고 유사한 조건 하에서 일어난다. 그러한 반응에서, 정반응의 속도가 역반응의 속도와 동일한 상황이 발생될 것이다.

그러한 순간 계(system)는 평형상태에 놓인다. 평형상태에서, 반응물의 양과 생성물 양의 변화가 없고 반응은 정지된 것처럼 보인다(여러분은 반응물을 소모하는 속도만큼 똑같이 생성물을 만들어내고 있는 것이다).

여러분은 반응물의 농도를 포함한 몇 가지 요인들에 따라 반응 속도가 달라진다는 사실을 학습하였을 것이다. 반응물의 농도가 증가함에 따라, 반응물 입자들 간의 충돌 횟수가 증가하고 그에 따라 반응 속도도 증가하게 된다. 농도가 감소하면 충돌 횟수가 감소하고 반응 속도도 감소하게 된다. 이러한 개념은 정반응 및 역반응에 모두 적용된다.

헨리 루이 르 샤틀리에(Henri Louis Le Chatelier)는 이러한 2가지 개념을 통합하여 평형상태에 있는 계가 혼란상태가 될 때 어떠한 일이 발생되는지 설명하였다. 르 샤틀리에의 원리(Le Chatelier's Principle)는 계가 평형상태에 있는 상황에서 계에 압력이 가해지면 반응은 압력을 완화시키는 방향으로 이동될 것이라는 사실을 설명한다. 이러한 원리는 여러분이 시스템의 조건을 변경하면 반응이 더 이상 평형상태에 있지 않게 되며 반응이 역방향보다 빠른 속도로 정방향으로 진행될 것이며 그와 반대의 경우도 동일하다는 사실을 의미한다.

다음과 같은 평형반응의 예를 적용하면 보다 손쉽게 이러한 원리를 이해할 수 있다.

$$N_2(g) + 3H_2(g) \rightleftharpoons NH_3(g)$$

평형에서 반응은 정지된 것처럼 보인다. 암모니아가 분해되는 속도와 같은 속도로 암모니아가 생성되고 있기 때문이다. 질소를 용기에 추가하면, 보다 많은 N_2와 H_2 사이의 충돌이 일어날 것이고 정반응의 속도가 증가될 것이다. 그 결과, 이 반응에서는 암모니아가 분해되는 속도보다 더 빠르게 암모니아가 생성될 것이고 암모니아의 양이 증가될 것이다. 이와 동시에 반응이 정방향으로 진행됨에 따라 질소의 양이 감소될 것이다. 질소의 첨가로 인해 반응은 정방향으로 진행되고 첨가된 질소가 모두 사용되게 된다.

동일한 계에서 질소를 제거하면, 정반응의 속도가 감소할 것이고 암모니아의 양이 감소할 것이며(생성 속도보다 분해 속도가 빠르기 때문이다) 추가적으로 질소가 생성될 것이다. 다시 말해, 질소를 제거하면, 반응은 보다 많은 질소가 생성되는 방향으로 이동하게 될 것이다(본질적으로 여러분이 제거한 질소를 다시 대체하여 투입하는 효과를 나타내게 된다).

이번 실험에서, 여러분은 몇 가지 평형계를 살펴보고 평형상태를 혼란상태로 만들고 그 결과를 측정하게 될 것이다.

이 실험에서는 두 가지 다른 평형계에 초점을 맞출 것이다: 실험 A에서는 물에 아세트산이 해리되는 평형계이고 실험 B에서는 물에 모노수소 인산염이 해리되는 평형계이다. 각각의 경우, 평형계의 최초의 pH를 측정한 후 생성물 중 하나의 농도를 증가시키거나 감소시켜 평형계에 "압력을 가하게" 될 것이다.

실험 A에서는 물에서 아세트산이 해리하는 것에 초점을 맞추게 될 것이다:

$$CH_3COOH(aq) + H_2O(l) \rightarrow H_3O^+(aq) + CH_3COO^-(aq)$$

여러분은 이 용액에 강한 전해질인 아세트산나트륨(CH_3COONa)을 첨가할 것이다. 강한 전해질이 용액에 해리되는 과정을 상기해보자. 어떠한 이온이 생성될 것인가? 생성되는 이온 가운데 어떤 이온이 물에서의 아세트산의 평형상태에 영향을 미칠 것이며 어떤 이온이 "구경꾼 이온(spectator ion) 즉, 반응을 변화시키거나 반응에 참여하지 않는 이온으로 작용할 것인가?

실험 B에서는 물에 대한 모노수소 인산염 이온(HPO_4^{-2})의 해리에 초점을 맞추게 될 것이다. 물에서의 이러한 화합물의 해리에 대한 반응식을 구성하여 써본다.

용해성 이온 화합물인 염화아연을 이 용액에 첨가하면 아연 및 염소 이온이 생성될 것이다:

$$ZnCl_2(aq) \rightarrow Zn^{+2}(aq) + 2Cl^-(aq)$$

인산아연은 불용성이다. 그러므로, 용액에 아연 이온을 첨가하면 평형상태에서 인산 이온을 효과적으로 제거할 수 있을 것이다. 생성물 중 하나를 용액에서 제거하면 평형상태에 어떤 일이 발생될 것인가? 이 반응에서 구경꾼 이온도 존재할 것이라는 사실을 명심해야 한다.

또한, 여러분은 용액에 인산나트륨을 첨가하게 될 것이다. 물에서의 이러한 화합물의 해리에 대한 반응식을 구성하여 써본다.이러한 과정이 평형상태에 어떠한 효과를 나타낼 것으로 생각되는가? 어떠한 이온이 구경꾼 이온이 될 것인가?

마지막으로, 여러분은 각각의 용액에 염화나트륨을 첨가하게 될 것이다. 이러한 강한 전해질의 해리에 대한 반응식을 구성하여 써본다.이러한 첨가가 각각의 반응에 어떠한 효과를 나타낼 것인가? 그 이유는 무엇인가?

목 적 PURPOSE

이 실험에서는 화학 센서와 pH 전극을 사용하여 평형상태에서 가역반응이 화학 농도 변화에 어떻게 반응하는지 결정하게 될 것이다.

재료

기구	PASPORT Xplorer GLX, PASPORT 화학 센서, 눈금실린더 25 mL, pH 전극, 비이커, 150 mL, 세척병 및 폐기물 용기 보호장구
재료	0.5 M 아세트산(CH_3CO_2H), 50.0 mL 0.1 M 염화아연($ZnCl_2$), 10.0 mL 0.5 M 아세트산나트륨(CH_3CO_2Na), 10.0 mL 0.10 M 나트륨 모노수소 인산염(제이인산나트륨)(Na_2HPO_4) 50.0 mL 0.5 M 염화나트륨(NaCl) 0.1 M 인산나트륨(Na_3PO_4), 7.0 mL

안전주의사항 SAFETY & HINT

- 보안경을 착용하고 표준 실험실 안전 절차를 준수한다.
- 주의: 암모니아는 강한 증기를 방출한다. 증기를 들이마시지 않도록 한다. 가능하다면, 흄 후드(hume hood)를 켜고 작업을 수행한다.
- 납용액이나 납 염을 배수구에 버리지 말고 반드시 그러한 물질의 처리와 관련하여 조교의 지침을 따른다.
- 피부에 용액을 엎지른 경우 손을 신속하게 씻도록 한다.

생각해 보기 THINKING

01. 물에서의 아세트산나트륨 해리에 대한 반응식을 쓰고 균형을 맞추어 보시오.

02. 물 용액에 해리된 아세트산의 평형계에 아세트산나트륨을 첨가할 경우 그 결과를 예상해 보시오.

03. 물에서의 모노수소 인산염 해리에 대한 반응식을 써보시오.

04. 수소화이온을 사용하였을 때 예측할 수 있는 균형 반응식을 써보고 수산화 암모늄 평형상태를 어떻게 재정립할 수 있는지 설명하시오.

05. 각각의 평형상태 반응 조건에 대한 구경꾼 이온을 확인하시오.

06. 염화나트륨 첨가가 이러한 평형상태에 어떠한 효과를 나타낼 것인가? 그 이유는 무엇인가?

실험 방법 PROCEDURE

1 장비 설치

01. 150 mL 비이커에 0.5 M 아세트산 용액 50.0 mL를 취하여 넣는다.

02. 25 mL 눈금실린더에 0.5 M 아세트산나트륨 10.0 mL를 측정하여 넣는다.

03. 별도의 눈금실린더에 0.5 M 염화나트륨 10.0 mL를 측정하여 넣는다.

2 Xplorer GLX 설치

01. GLX에 있는 포트 1에 화학 센서를 연결한다.

02. 화학 센서에 pH 전극을 연결한다.

03. 필요한 경우 pH 센서를 보정한다. 센서 보정에 대한 지시사항은 pH 전극 센서 정보 페이지를 참조하시오.

04. 홈 화면에서 (F1) 을 눌러 그래프 디스플레이를 연다.

3 데이터 기록

실험 A

01. 아세트산이 들어있는 150 mL 비이커에 pH 전극을 넣는다.

02. ▶ 을 눌러 pH 기록을 시작한다.

03. pH에 대한 그래프 디스플레이를 살펴보고 안정화 상태인지 확인한다. 이는 아세트산 용액의 최초의 평형상태 pH이다.

04. 눈금실린더의 아세트산나트륨 용액을 비이커에 붓고 부드럽게 저어준다. pH에 대한 그래프 디스플레이를 살펴보고 안정화 상태인지 확인한다. 이는 두번째 평형상태 pH이다.

05. 눈금실린더의 염화나트륨 용액을 비이커에 붓고 부드럽게 저어준다. pH에 대한 그래프 디스플레이를 살펴보고 안정화 상태인지 확인한다. 이는 최종 pH이다.

06. ▶ 을 다시 눌러 데이터 수집을 종료한다.

실험 B

01. 0.1 M 모노수소 인산 나트륨 50.0 mL, 0.1M 염화아연 10.0 mL, 0.1 M 인산 나트륨 7.0 mL, 0.5 M 염화나트륨 10.0 mL을 사용하는 것을 제외하고 위와 동일한 단계를 수행한다.

02. 모노수소 인산염이 들어있는 150 mL 비이커에 pH 전극을 넣는다.

03. ⊙ 을 눌러 pH 기록을 시작한다.

04. pH에 대한 그래프 디스플레이를 살펴보고 안정화 상태인지 확인한다. 이는 모노수소 인산염 용액의 최초의 평형상태 pH이다.

05. 눈금실린더의 염화아연 용액을 비이커에 붓고 부드럽게 저어준다. pH에 대한 그래프 디스플레이를 살펴보고 안정화 상태인지 확인한다. 이는 두번째 평형상태 pH이다.

06. 눈금실린더의 인산나트륨 용액을 비이커에 붓고 부드럽게 저어준다. pH에 대한 그래프 디스플레이를 살펴보고 안정화 상태인지 확인한다. 이는 세번째 평형상태 pH이다.

07. 눈금실린더의 염화나트륨 용액을 비이커에 붓고 부드럽게 저어준다. pH에 대한 그래프 디스플레이를 살펴보고 안정화 상태인지 확인한다. 이는 최종 pH이다.

08. ⊙ 을 다시 눌러 데이터 수집을 종료한다.

4 분석

분석이 완료되면 데이터 표에 계산결과를 기록한다.

.Tools(도구) 메뉴(F3)에서, Smart Tool(스마트 도구)를 선택한다. Arrow Keys(화살표 키)를 사용하여 Smart Tool Cursor(스마트 도구 커서)를 이동하고 아세트산의 최초 pH, 아세트산의 최종 평형상태 pH, 모노수소 인산염의 최초 pH, 모노수소 인산염의 최종 평형상태 pH를 결정한다. 데이터 표에 이러한 값을 기록한다.

5 데이터 표

최초 평형상태 아세트산의 pH	
두번째 평형상태 아세트산의 pH	
최종 평형상태 아세트산의 pH	

최초 평형상태 모소수소 인산염의 pH	
두번째 평형상태 모소수소 인산염의 pH	
세번째 평형상태 모소수소 인산염의 pH	
최종 평형상태 모소수소 인산염의 pH	

질문 QUESTION

01. 실험 A에 대한 그래프를 살펴보고 아세트산염 이온의 첨가로 평형상태가 어떻게 이동되었는지 설명하시오. 이러한 이동에 대한 증거는 무엇인가?

02. 실험 B에 대한 그래프를 살펴보고 Zn(II) 이온의 첨가로 평형상태가 어떻게 이동되었는지 설명하시오. 이러한 이동에 대한 증거는 무엇인가?

03. 염화나트륨에 어떠한 효과가 나타났는가? 그 이유는 무엇인가?

04. 다음은 화학적 평형상태에 대한 일반적인 잘못된 인식들이다. 화학적 평형상태의 특성을 정확하게 나타낼 수 있도록 각각의 문장을 다시 써보시오.

a. "반응은 항상 완료되는 방향으로 작용한다."

b. "평형상태에서의 반응은 반응물과 생성물의 농도가 동일하다."

c. "평형상태는 고정되어 있고 정적인 상태이다."

d. "평형상태에서 반응의 왼쪽이 먼저 발생되고 그 다음 오른쪽이 발생된다."

실험 11 르샤틀리에의 원리

실험일자 :

실 험 자 : 학번 학과 조 이름

실험 _ 12

엔트로피와 엔탈피

배 경 BACKGROUND

모든 반응은 반응이 일어나기 위해서는 활성화에너지를 필요로 하며 반응이 일어나면 얼마간의 에너지가 방출된다. 열로서 흡수되거나 방출되는 에너지를 엔탈피(H로 표기)라고 한다. 흡수한 열보다 방출한 열이 많으면 발열반응이라고 한다. 이 경우 엔탈피 변화(ΔH)는 음이다(생성물의 에너지는 반응물보다 작다). 반응에 흡수된 열이 방출된 열보다 많으면 흡열반응이라고 하고 ΔH는 양이다. 발열반응은 다른 분자들에 활성화에너지를 제공하므로 더 선호되고 일반적으로 잘 일어난다.

반응은 또한 엔트로피(S 로 표기)와도 연관이 있다. 엔트로피는 무질서의 정도를 의미한다. 기체는 매우 무질서하지만 고체는 매우 질서정연하며 액체는 이들 사이의 중간에 놓인다. 따라서 고체가 녹으면 엔트로피의 양은 증가하며 S는 양의 값이다. 자연은 엔트로피가 증가하는 방향을 선호한다. 이러한 경향은 우리 주변에서 쉽게 볼 수 있다. 접시가 바닥에 떨어지면 깨지면서 조각이 나고 이 조각들은 결코 다시 원래의 접시로 되지 않는다. 방은 점점 더 어지러워지지 노력 없이 더 깨끗해지지 않는다.

이 두 가지 인자(엔탈피와 엔트로피) 모두는 반응이 자발적으로 일어날 것인지에 영향을 준다. 여기서 자발적이라 함은 갑자기 또는 사전 예고 없이 일어난다는 의미가 아니다. 그것은 일단 시작하면 지속적으로 일어난다는 의미이다. 간단한 예로 산불을 들 수 있다. 산불이 닥치는 대로 일어나는 것은 아니지만 불이 발생하면 끄기가 어렵다. 비자발적 반응도 일어날 수 있으나 반응이 지속

되려면 끊임없이 강제하여야 한다. 광합성이 그런 반응이다. 빛이 없다면 광합성은 멈춘다.

엔트로피가 증가하는 발열반응은 항상 자발적이다(자연은 두 요인 모두 선호한다). 반면에 엔트로피가 감소하는 흡열반응은 결코 자발적으로 일어나지 않는다. 두 요인이 복합적인 경우 즉 한 가지 요인은 선호되나 다른 하나는 그렇지 않은 경우에 반응은 자발적일 수도 있고 그렇지 않을 수도 있다.

이 실험에서는 화합물이 어는 반응에 대한 자발적일 때와 비자발적일 때의 요인을 조사할 것이다.

목 적 PURPOSE

물질이 천천히 냉각되어 액체로부터 고체로 상전이가 일어날 때 물질의 온도 변화를 측정함으로써 엔트로피와 엔탈피의 개념을 탐구한다. 엔탈피와 엔트로피의 변화가 자발적인 방향과 불일치하는 경우 반응이 자발적인지 아닌지를 결정하는 요인을 조사할 것이다.

재료 및 기구 REAGENT & APPARATUS

기구	Pasco Xplorer GLX, 스테인리스스틸 온도탐침, 뷰렛 클램프(2개), 삼각대, 가열교반기, 250 mL 비이커, 큰 시험관, 실험보호 장구
재료	미지 시료 약 10 mL, 물 200 mL

안전주의사항 SAFETY & HINT

- 기구 사용법을 숙지한다.
- 보안경을 착용하고 실험실 안전 수칙을 따른다.
- 화합물 시료를 조심해서 다룬다.

실험 방법 PROCEDURE

1 기구준비

01. 250 mL 비이커에 수돗물을 약 3/4 가량 채워 물중탕을 준비한다.

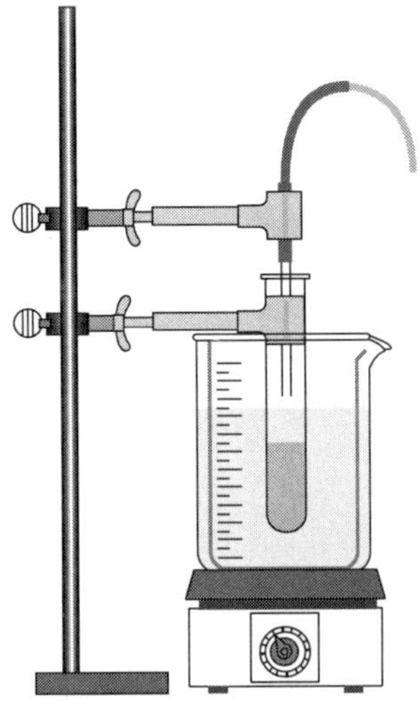

02. 물이 들어 있는 비이커를 가열교반기에 올려놓고 물이 끓을 때 까지 가열한다.

03. 시험관에 미지시료를 1/3 정도 채운다.

2 Xplore GLX 준비

01. 온도 탐침을 GLX 왼쪽 측면의 1 또는 2 에 꽂는다.

02. GLX 의 전원을 켠다.

03. 10초 마다 데이터를 읽도록 다음과 같이 GLX를 설정한다.

- 홈 화면에서 (F4) 를 눌러 센서 화면으로 이동한다.
- (✓), (2n) 키를 차례로 눌러 초 단위를 선택한다.
- 아래 방향키( )를 이용하여 sample rate를 선택한다. (✓) , (4n) 키를차례로 눌러 10sec/sample 을 선택한다.
- , (F1) 키를 차례로 눌러 그래프 화면으로 돌아간다.

3 데이터 기록

01. ▶ 키를 눌러 데이터 기록을 시작한다.

02. 클램프를 사용하여 시험관을 비이커의 물에 잠기도록 위치하고 온도탐침을 시험관 안에 움직이지 않도록 고정한다.

03. 물이 끓고 시험관안의 시료가 녹을 때까지 비이커를 가열한다.

04. 물중탕으로부터 온도탐침과 시험관을 조심스럽게 꺼내고 가열기의 전원을 끈다.

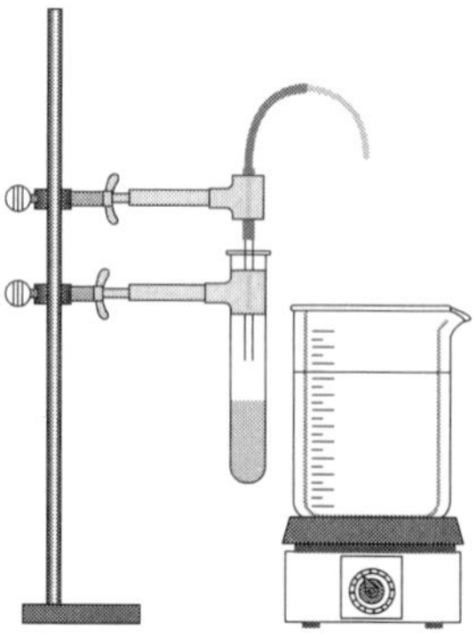

05. 시험관안의 시료가 전부 고체로 변할 때까지(약 10분 정도) 온도를 기록한다.

06. ▶ 키를 눌러 데이터 기록을 종료한다,

07. 온도탐침을 고체 시료로부터 제거하려면 시험관을 다시 물중탕에 넣고 가열하여 시료가 완전히 녹은 후 시험관에서 꺼낸다.

08. 온도탐침을 물로 잘 씻고 시험관의 시료 처리는 조교의 지시에 따른다.

4 분석

01. 시간에 대한 온도 변화 그래프를 스케치하거나 프린트하고 각 축을 적절하게 명명한다.

질문 QUESTION

01. 시간에 대한 온도변화 그래프를 조사하여 어느 부분에서 엔탈피와 엔트로피 변화가 있는지 확인한다. 시료의 녹는점과 어는점을 결정한다.

02. 액체가 냉각되어 얼 때 엔탈피와 엔트로피의 변화를 설명하시오.

03. 그래프의 어느 구간에서 엔탈피가 우세하고 어느 구간에서 엔트로피가 우세한가?

04. 반응이 자발적인지 아닌지를 결정하는 요소는 무엇인가?

실험 12 엔트로피와 엔탈피

실험일자 :

실 험 자 : 학번 학과 조 이름

실험_13

용융열과 증발열

배 경 BACKGROUND

고대시대에 사람들은 물을 따뜻하게 데우기 위해 불에 달군 돌멩이를 물속에 넣는 방법을 사용했었다. 돌멩이와 물의 온도가 동일하게 될 때까지 뜨거운 돌멩이는 차가운 물에 에너지를 전달한다. 기본적인 자연법칙은 뜨거운 물체가 차가운 물체와 접촉할 경우 두 개의 물체의 온도가 동일하게 될 때까지 뜨거운 물체에서 차가운 물체로 열에너지가 전달될 것이라는 사실이다. 뜨거운 물체에서 전달된 동일한 양의 에너지가 차가운 물체로 들어가지만(에너지 보존법칙), 두 개의 물체가 반드시 동일한 온도 변화를 나타낼 필요는 없다. 얼음조각 1조각을 음료수에 넣으면, 음료수는 즉시 냉각되기 시작하지만 얼음조각은 완전히 녹을 때까지 0°C로 유지될 것이다. 어떻게 이러한 것이 가능한가?

이러한 질문에 대한 답은 다음과 같다: 0°C에서의 고체상태의 물보다 0°C에서의 액체상태의 물이 에너지를 많이 가지고 있기 때문이다. 액체상태 물에서 이러한 여분의 에너지는 숨은 또는 잠복 에너지이다. 고체상에서 액체상으로의 변화(또는 액체상에서 고체상으로의 변화)의 경우, 이러한 숨은 열은 위치에너지이며 녹음의 숨은 열이라고 한다. 고체마다 서로 다른 다양한 강도의 힘으로 형태를 유지하고 있으므로, 용융열 즉, 물질을 녹이는데(또는 얼리는데) 필요한 에너지의 양은 물질마다 차이를 나타낸다. 용융열은 물질 1 g을 녹이는데 (또는 얼리는데) 필요한 에너지의 양이고, 몰랄 용융열은 물질 1몰을 녹이는데 필요한 에너지의 양이다.

액체에서 고체로 물질이 변하면, 숨은 에너지 또는 잠복 에너지의 양에 차이가 발생된다. 증발의 숨은 열(액체에서 고체로 변할 경우)은 동일한 물질에 대한 녹음의 숨은 열과 차이를 나타낸다. 이 실험에서는 물에 대한 녹음의 숨은 열과 증발의 숨은 열을 결정하는 과정을 수행하게 될 것이다.

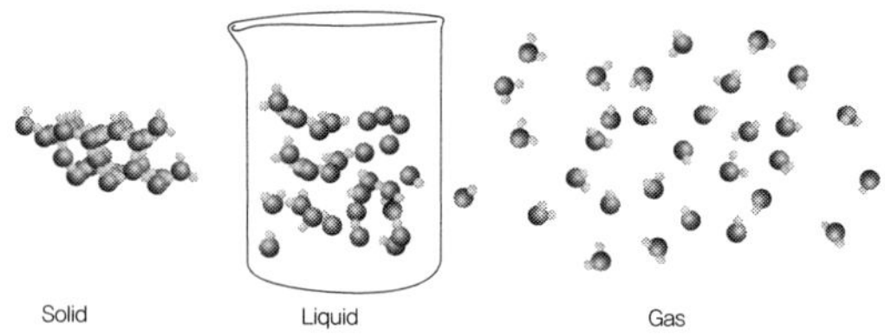

고체　　액체　　기체

물질이 상변화 없이 열에너지를 얻거나 잃게 되면, 다음과 같은 식이 성립된다.

$$q = mC\Delta T$$

여기서,

q = 열에너지(단위: J 또는 cal)

m = 물질의 질량(단위: g)

C = 물질의 비열(단위: J/g°C 또는 cal/g°C)

ΔT = 시작온도와 종료온도의 차이 (단위: °C)

상변화가 발생되면, 다음과 같은 식이 성립된다.

상변화에 따라 $q = m\Delta H_{fus}$ 또는 $q = m\Delta H vap$.

여기서,

$$\Delta H_{fus} = \text{용융열}$$

$$\Delta H_{vap} = \text{증발열}$$

얼음이 녹아 가열되는 경우 흡수한 총 에너지를 계산하려면, $q = m\Delta H_{fus}$ (얼음이 녹는 동안 흡수된 에너지)에 $q = mC\Delta T$(차가운 액체상태의 물이 최종온도까지 가열되는 동안 흡수한 에너지)를 더해야 할 것이다.

증기가 냉각되면서 응축하는 경우 방출하는 총 에너지를 계산하려면, $q = m\Delta H_{vap}$ (응축되는 동안 방출된 에너지)에 $q = mC\Delta T$(온수를 최종 온도까지 냉각시키는 동안 방출된 에너지)를 더해야 할 것이다.

목 적 PURPOSE

이러한 2개 부분으로 구성된 실험으로 부터, 물에 대한 용융 및 증발 과정의 ΔH를 구할 것이다.

재료 및 기구 REAGENT & APPARATUS

기구	Xplorer GLX, PASPORT 온도 탐침, 젓개, 저울, 칼로리미터 (폼 컵), 뷰렛 클램프, 가열판, 눈금실린더(100 mL), 비이커(250 mL), 소형 삼발이 받침대 및 봉, 뜨거운 시험관 고정장치, 실험용 집게, 삼각플라스크, 250 mL, 고무마개(1구), 보호장구
재료	물(300 mL), 얼음 조각(약 10 g)

*응축 증기를 모으는데 짧은 길이의 유리관을 유연한 튜브 끝에 삽입하여 사용하면 편리하다.

안전주의사항 SAFETY & HINT

- 가열판이나 버너를 사용하여 가열할 때에는 항상 주의를 기울인다. 특히, 뜨거운 증기가 유리관에서 방출되는 실험 B에서는 더욱 그렇다. 증기로 인해 심각한 화상을 입을 수 있다.
- 전기 콘센트, 컴퓨터, 키보드, PASPORT 장비는 물에서 멀리 유지하도록 한다. 장비의 사용 지시사항을 준수해야 한다는 사실을 기억할 것.
- 보안경을 착용하고 표준 실험실 안전 절차를 준수해야 한다.

생각해보기 THINKING

01. 고체상태의 얼음을 액체상태의 물로 녹이는 경우 또는 물을 증기로 증기화하는 경우 중 어떤 경우에 보다 많은 열에너지를 보유하게 것으로 생각되는가? 또는 각각의 상태 변화의 경우 정확하게 동일한 양의 열에너지를 보유하게 될 것인가? 예상되는 결과를 설명해보시오.

실험 방법 PROCEDURE

실험 A: 용융열

1 장비 구성

01. 컵의 질량을 측정한다(칼로리미터).

02. 수돗물로 폼 컵을 약 3/4 정도 채우고 물의 질량과 컵의 질량을 각각 구한다. 컵의 질량을 뺀 후 그 결과를 데이터 표에 m_w로 기록한다.

03. 폼 컵, 비이커, 온도 탐침을 그림과 같이 구성한다.

03. 온도 탐침이 물에 담근 상태가 되도록 센서 높이를 낮춘다(바닥에서 약 1.0 cm 정도).

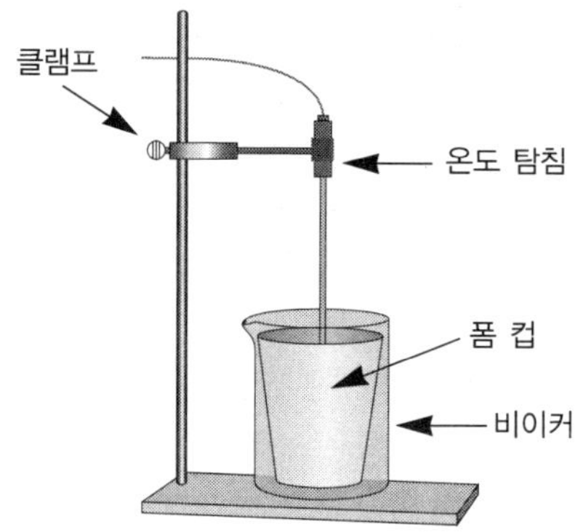

2 Xplorer GLX 구성

GLX의 왼쪽에 있는 1 또는 2 에 온도 탐침을 연결한다.

3 데이터 기록

01. 화살표 키( )를 사용하여 GLX의 숫자 디스플레이를 살펴본다. 숫자 디스플레이를 선택하려면 ⊘을 누른다.

02. 데이터 기록을 시작하려면 ▶을 누른다.

03. 온도가 최종 온도에 도달하는지 확인하려면 숫자 디스플레이를 주시한다. 이 온도를 물의 최초 온도 (T_i)로 기록한다.

04. 몇 개(5~6개)의 작은 각얼음을 종이 수건으로 물기를 제거한 후, 물에 얼음을 가한다.

참고: 최상의 결과를 얻기 위해 약 10 g의 각얼음을 사용할 수 있다. 보다 정확한 측정을 위해 저울을 사용한다.

05. 젓개로 저어주고 온도를 모니터링한다.

참고: 온도 탐침을 물을 저어주는데 사용해서는 안 된다. 마찰이 발생되어 물에

추가적인 열이 가해질 수 있다. 반드시 교반봉을 사용할 것.

06. 얼음이 완전히 녹으면, 혼합물을 한번 더 저어주고 이 온도를 최종 온도 (T_f)로 기록한다.

07. 데이터 기록을 종료하려면 ▶을 다시 누른다.

08. 저울을 사용하여 (컵 + 물 + 녹은 얼음)의 질량을 구한다. 이 질량을 데이터 표에 m_{w+i}로 기록한다.

4 분석

분석이 완료되면 데이터 표에 결과를 기록한다.

01. $T_f - T_i$를 수행하여 수온의 변화 ΔT를 결정한다. 이 값을 표 1에 기록한다.

02. 컵 + 물 + 녹은 얼음의 질량(m_{w+i})에서 컵 + 물의 질량(m_w)을 빼서, 얼음의 질량을 구한다. 이 값을 표 1에 (m_i)로 기록한다.

03. 주변의 물이 상실한 열에너지 총량(q_1)은 녹은 얼음이 흡수한 열에너지 양(q_2)에 온도를 평형상태로 만들기 위해 필요한 추가 에너지 양(q_3)을 더한 것과 같다. 다시 말해, q_3은 녹은 얼음물의 온도를 최종 온도까지 상승시키는데 필요한 에너지를 나타낸다.

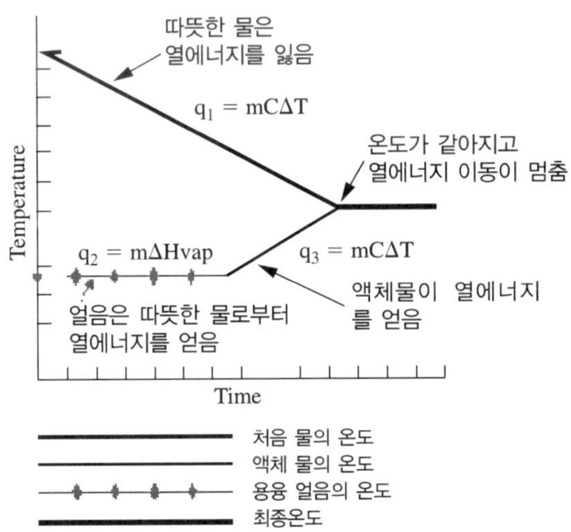

그래프는 용융실험에 관여하는 열(q)을 보여주고 있다.

$q_1 = q_2 + q_3$

참고: 이 그래프는 개념을 설명해주는 것으로 실제 데이터의 그래프를 나타내는 것은 아니다.

04. 실험에서 얼음을 녹이는데 어느 정도의 에너지가 필요하였는지를 결정하려면, 배경 섹션에서 논의하였던 열 계산에 사용한 일반식을 사용해야 한다. 얼음에 대한 용융열(단위: J/g)을 계산하려면 아래의 단계를 따라 수행하고 적절한 데이터 표에 값을 기록한다:

05. (얼음을 녹이고 가열하는데 사용된) 물이 잃은 에너지의 총량을 계산한다. 이 값을 q_1으로 기록한다.

$$q_1 = (m_w) \times (4.18\ \mathrm{J/g^\circ C}) \times \Delta T$$

a. 0°C의 물(이전에는 각얼음이라 하였음)을 평형상태 온도로 높이기 위해 사용한 에너지의 양을 계산한다.

$$q_3 = (m_i) \times (4.18\ \mathrm{J/g^\circ C}) \times T_1$$

b. 이러한 값의 차이를 확인하여 녹은 얼음이 흡수한 열의 양을 계산한다. q_2는 이 실험에 사용한 얼음의 양에 대한 용융열과 동일하다:

$$q_2 = (q_1 - q_3)$$

06. 얼음이 흡수한 열 (q_2)을 얼음의 질량 (m_i)으로 나누어서 실험에서 얼음을 녹이는데 필요한 열을 계산한다.

07. 얼음의 용융열에 대한 실험값을 사용하여, 물의 몰랄 용융열을 계산한다. 즉, 얼음 1몰을 정확하게 녹였다면 에너지가 어느 정도 사용되었는지를 결정한다.

실험 B: 증발열

참고: 증기를 사용하여 실험을 수행함에 따른 잠재적인 위험을 고려하여, 각별한 주의를 기울이고 실험실 안전 규정을 준수한다.

1 장비 구성

01. 아래 사진과 같이 증기생성기를 구성한다.

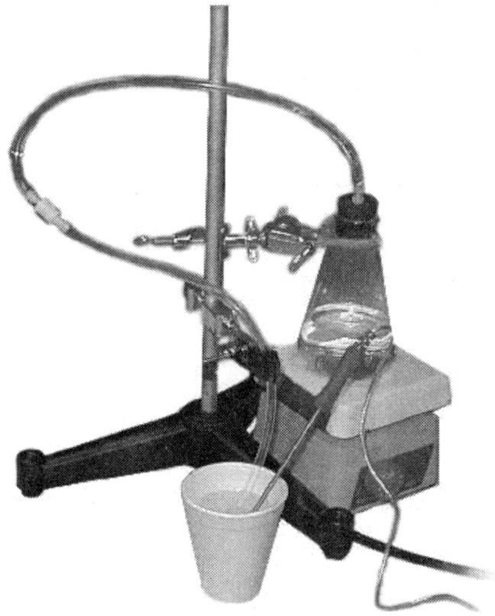

02. 컵(칼로리미터)의 약 3/4을 물로 채우고 물과 컵의 질량을 구한다. 데이터표에 이 값을 m_1로 기록한다. 물의 질량과 비교할 때 컵의 질량은 무시할 수 있다.

03. 온도 탐침이 컵의 물에 잠기도록 온도 탐침의 높이를 (바닥에서 약 1cm까지) 낮춘다.

2 데이터 기록

01. 화살표 키를 사용하여 Digits Display(숫자 디스플레이)를 살펴보고, 숫자 디스플레이를 선택하려면 ✓ 을 누른다.

02. 온도 기록을 시작하려면 ▶ 을 누른다.

03. 온도가 평형상태에 도달하는지 확인하려면 숫자 디스플레이를 주시한다. 이 온도를 물의 최초 온도(T_i)로 기록한다.

04. 증기생성기 장치에서 물을 끓이려면 가열판/버너를 켠다. 물이 끓으면 증기가 컵에 첨가될 수 있도록 유리관을 배치한다. 증기가 새어나가지 않도록 주의를 기울일 것!

05. 온도를 모니터링하고 온도가 75℃ 이상으로 올라갈 때까지 계속해서 저어준다. 가열판을 끄고 컵의 물을 저어준다. 컵에서 안전하게 분리할 수 있을 정도로 냉각되면 유리관을 분리한다(필요한 경우 보호 장갑이나 실험용 집게를 사용한다). 온도를 관찰하여 최대값에 도달하였는지 확인한다. 이 온도를 물의 최종 온도(T_f)로 기록한다.

06. 데이터 기록을 종료하려면 ▶ 을 누른다.

07. 장치를 분해하기 전에 증기생성기와 모든 장비를 완전히 냉각시킨다.

08. 장치들이 냉각되면, 물과 응축된 증기를 함유하고 있는 컵의 질량을 구한다. 이 값을 적절한 데이터 표에 m_2로 기록한다.

3 분석

실험 A에서와 마찬가지로, 증발에 대해 유사한 분석이 완료되면 해당 데이터 표에 계산 값을 기록한다.

01. 에너지 변화를 설명할 수 있도록 실험 A에서와 같이 그래프를 그린다.

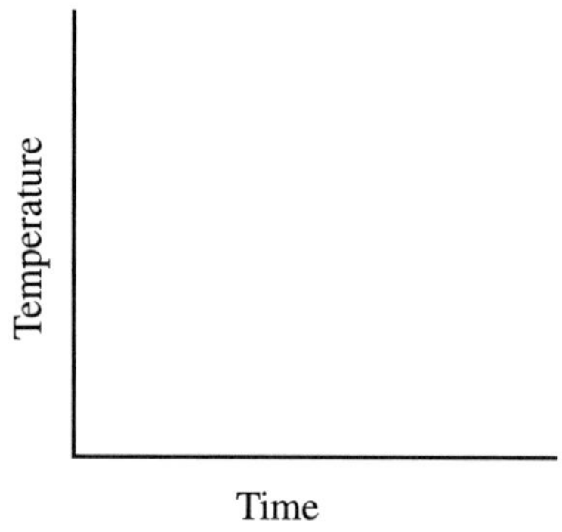

02. $T_f - T_i$을 수행하여 주변의 물에 대한 온도 변화 ΔT을 결정한다. 데이터 표에 이 값을 기록한다.

03. 증기의 질량($m_2 - m_1$)을 계산한다. 표 2에 이 값을 m_3로 기록한다.

증발열을 계산하려면, 흡수한 열에너지의 양과 물질의 질량을 모두 알고 있어야 한다. 증기의 열에너지에는 어떠한 변화가 발생되었는가? 증기가 기체 형태에서 액체 형태로 응축되었을 때 열이 손실되었다. 현재 물의 상태인 이러한 응축된 증기의 양이 최종 온도(T_f)로 냉각되었을 때 보다 많은 열이 손실되었다. 이러한 열에 어떠한 변화가 발생되었는가? 컵에 들어있는 물은 이러한 열을 모두 가지고 있다. 그러므로, 증기를 응축하고 최종 온도로 냉각시키는 과정에서 잃은 열에너지는 물이 얻은 열에너지와 같아야 한다.

컵에 들어있는 물이 흡수한 열의 양(단위: J)을 계산할 때에는 이러한 사실을 명심해야 한다.

> 주위의 물이 얻은 열(q_1) $= m_1 \times (4.18\ \mathrm{J/g\ °C}) \times \Delta T$

100°C에서 최종 온도로 냉각됨에 따라 응축된 증기가 잃은 열의 양을 계산한다.

> 응축된 증기가 잃은 열(열(q_2)$=m_3 \times (4.18\ \mathrm{J/g\ °C}) \times (100°\mathrm{C} - T_f)$

05. 증기가 물로 변할 때 증기가 잃은 열의 양을 계산한다.

$$q_3 = q_1 - q_2$$

06. 방금 계산한 열은 증기가 물에 부여한 에너지의 양이었다. 이 값을 사용하여

컵에 수집된 물에 대해 1g 당 에너지의 양을 계산한다(q_3/m_3). 우리는 이 값을 증발열에 대한 실험값이라 부를 것이다.

07. 물의 증발열에 대한 실험값을 사용하여, 물에 대한 몰랄 증발열을 계산한다. 즉, 증기 1몰이 액체상태의 물로 정확하게 변한 경우 얼마나 많은 에너지가 방출되었는지 결정한다.
힌트: 질량 (g)을 양 (몰)로 변환하려면 물의 분자량을 사용한다.

4 데이터 표

표 1: 용융열(실험 A)

최초 온도 (T_i)	
최종 온도 (T_f)	
온도 변화 (ΔT)	
(물 + 녹은 얼음)의 질량 (m_{w+i})	
물의 질량 (m_w)	
얼음의 질량 (m_i)	
주변의 물이 잃은 총 열에너지 (q_1)	
얼음이 녹으면서 흡수한 열 (q_2)	
온도 평형상태에 도달함에 따라 얼음이 흡수한 열 (q_3)	
이 실험에서 물에 대한 용융열	
물의 몰 용융열	

표 2: 증발열(실험 B)

최초 온도(T_i)	
최종 온도 (T_f)	
온도 변화 (ΔT)	
물의 질량 (m_1)	
물 1 응축된 증기의 질량 (m_2)	
응축된 증기의 질량 (m_3)	
물이 얻은 열 (q_1)	

물로 변하면서 증기가 잃은 열(q_2)	
응축된 증기가 잃은 열(q_3)	
이 실험에서 물에 대한 증발열	
물에 대한 몰랄 증발열	

질문 QUESTION

01. 응축되고 있는 증기 1몰은 얼음 1몰을 녹이는데 충분한 열을 방출하는가? 설명하시오.

02. 온도 변화 없이 물질에 열을 전달하는 것이 어떻게 가능한가?

03. 100℃의 뜨거운 물과 100℃의 수증기 중 어느 것이 더 심한 화상을 일으키는가?

실험 13 용융열과 증발열

실험일자 :

실 험 자 : 학번 학과 조 이름

실험_14

화학량론 I

배경 BACKGROUND

$2H_2 + O_2 \longrightarrow 2H_2O$와 같은 화학식은 반응물 부분과 생성물 부분이 모두 정확하게 동일한 원자 수를 나타내고 균형을 이루고 있다. 균형 반응은 사용한 각각의 반응물의 양과 생성된 각각의 생성물의 양 간에 몰랄 관계를 나타낸다. 얼마나 많은 반응물이 사용될 것인지 또는 얼마나 많은 생성물이 생성될 것인지를 예측하기 위해 균형 화학식에 계수 비를 사용하는 것을 화학양론이라고 한다. 정확한 균형식은 과도한 반응물을 사용하지 않고 생성물을 가능한 최대 수준으로 생성하기 위해 요구되는 반응물에 대한 이상적인 비를 설명해준다.

위의 반응에서 계수는 반응물이 소비된 상대적인 양을 나타낸다. 즉, 1몰의 산소가 소비될 때마다 2몰의 수소가 소비된다는 사실을 설명해준다. 또한, 계수를 사용하면 예를 들어, 15몰의 수소와 15몰의 산소를 사용하여 반응을 시작하였다면 모든 반응물이 소비될 것인지에 대한 질문에 답할 수 있다. 균형 식에 따라 산소의 2배에 해당되는 양의 수소가 필요하므로, 15몰의 수소가 충분하지 않을 것이다(30몰의 수소가 필요할 것이다). 이 경우, 수소는 모두 사용될 것이며(생성될 수 있는 생성물의 양을 제한하므로 한계 반응물이라 함) 산소의 양은 과량이 될 것이다. 6개의 산소가 남아 있더라도 수소가 모두 소모되면 물 생성은 중단될 것이다.

이 실험을 수행하는 과정에서, 생성물 중 하나는 열에너지라는 것을 주목하자. 반응물 중 하나가 모두 사용되면, 열에너지를 포함하여 생성물의 모든 생성이 중

지된다. 반응물 중 하나가 제한되면(그리고 다른 반응물이 잉여물로 "남게" 되는 경우), 그러한 반응에서는 잠재적으로 가능한 최대 양보다 적은 양의 생성물이 생성될 것이다. 이 실험에서는 반응물이 남지 않는 즉, 최대 에너지 방출량을 생성하는 계수를 결정하게 될 것이다. 다양한 부피의 차아염소산나트륨과 티오황산나트륨을 혼합하게 될 것이다. 용액들은 동일한 몰농도를 갖게 될 것이며 (용액들은 등몰(equimolar) 상태가 될 것이다), 각 용액의 동일한 부피에는 동일한 몰 수의 반응물이 함유될 것이다. 결과적으로, 가장 많은 에너지를 생성하는 부피의 비는 균형 시에서와 동일한 비가 될 것이다. 또한, 우리는 생성된 에너지가 온도 변화에 정비례 하도록 각각의 반응에서 용액의 총 부피를 동일하게 유지할 것이다.

목 적 PURPOSE

이 실험에서는, 균형 화학식의 계수를 결정하기 위해 온도 탐침을 사용할 것이다.

재료 및 기구 REAGENT & APPARATUS

기구	PASPORT Xplorer GLX, PASPORT 온도탐침, 눈금실린더 2개 (100 mL), 눈금 실린더 2개 (10 mL), 폼 컵 또는 작은 비이커 11개, 세척병 및 폐기물 용기, 보호장구
재료	용액 A: 0.5 M 차아염소산나트륨(NaClO) 55.0 mL 용액 B: 0.5 M 티오황산나트륨($Na_2S_2O_3$), (0.2 M NaOH에 들어있는) 55.0 mL

안전주의사항 SAFETY & HINT

- 차아염소산나트륨(NaClO)은 가정용 표백제로 알려진 화합물이다. 옷이나 피부에 엎지르지 않도록 주의한다.
- 이 실험에서 사용되는 용액들은 염기성이므로 피부와 눈에 해롭다. 이러한 용액을 엎지른 경우, 해당 부분을 다량의 물로 헹군다.
- 증기에 주의해야 한다. 흄 후드(fume hood 유독가스 배출장치)를 사용하거나 충분하게 통풍이 이루어지는 조건에서 작업을 수행한다. 증기를 들이마시지 않도록 주의한다.
- 보안경을 착용하고 표준 실험실 안전 절차를 준수해야 한다.

생각해 보기 THINKING

01. 이 실험을 수행하는데 화학반응의 어떤 증거자료가 사용되는가?

02. 반응물 중 하나의 양을 증가시키면 발열 화학반응의 결과에 어떠한 영향을 미치게 되는가?

03. 다음의 반응을 고려할 때, $3A + 2B \longrightarrow 2C$

A : B의 비는 무엇을 나타내는가? 10.0 몰의 A로 실험을 시작할 경우, A를 모두 사용하려면 몇 몰의 B가 사용될 것인가?

04. 이 반응에서 반응물은 무엇인가?

실험 방법 PROCEDURE

1 장치 구성

01. 하나의 눈금 실린더에 "용액 A"라는 라벨을 부착하고 다른 눈금 실린더에는 "용액 B"라는 라벨을 부착한다. 동일한 용액을 측정하려면 동일한 눈금 실린더를 사용한다. 헹굼병과 폐기물 용기가 가까운 곳에 준비되어 있는지 확인한다.

02. 각각의 반응물의 양을 모든 폼 컵(또는 비이커)에 표시한다. 아래에 제시된 바와 같이 NaClO(용액 A)의 농도 감소 순서로 왼쪽에서 오른쪽으로 11개의 폼 컵(또는 비이커)을 모두 한줄로 배열한다.

반응 번호	1	2	3	4	5	6	7	8	9	10	11
용액 A의 부피	10 mL	9 mL	8 mL	7 mL	6 mL	5 mL	4 mL	3 mL	2 mL	1 mL	0 mL
용액 B의 부피	0 mL	1 mL	2 mL	3 mL	4 mL	5 mL	6 mL	7 mL	8 mL	9 mL	10 mL

03. 매번 실험을 수행할 때 반응물의 비가 어떠한지 면밀히 추적하려면 시험조원과 함께 작업을 수행한다. 지시가 있을 때까지 화합물을 혼합해서는 안 된다! 데이터 기록은 혼합이 시작되지 전에 시작되어야 한다.

2 Xplorer GLX 설치

GLX의 왼쪽에 있는 1 또는 2 에 온도 탐침을 연결한다.

3 데이터 기록

01. 용액 A를 10.0 mL 취하여 첫번째 컵/비이커에 부어 준다. 용액 A를 9 mL 취하여 두번째 비이커에 부어주고, 8 mL를 취하여 세번째 비이커에 부어준다. (정확하게 표시된 눈금 실린더를 사용하는지 확인한다.) 온도 탐침을 첫번째 용액에 넣는다.

02. 온도 기록을 시작하려면 ▶을 누른다. Graph(그래프) 디스플레이를 주시하여 온도가 안정화되는지 확인한다.

03. 온도가 일정하게 유지되면, ▶을 다시 눌러 데이터 수집을 종료한다.

04. Statistics(통계처리)를 켜려면 F3을 누른 후 4을 누른다. 최대 온도가 그래프 아래에 표시된다. 해당 반응물의 농도에 대해 이 값을 데이터 표에 기록한다.

05. 방금 측정을 마친 컵/비이커를 한쪽으로 치워둔다. 진행하기 전에 온도 탐침을 헹군다. 제공된 세척병과 폐기물 용기를 사용한다.

06. "B"라는 라벨이 부착된 두번째 눈금 실린더를 사용하여, 용액 B의 필요한 부피를 취한다(이 경우 1.0 mL). 다음 컵/비이커에 2개의 용액을 혼합한다.

참고: 올바른 용기를 사용하고 있는지 확인하려면 라벨의 내용을 확인하는 것을 잊지 않도록 주의한다.

07. 다시, 컵에 온도 탐침을 넣고, ▶을 누르고 Graph(그래프) 디스플레이를 사용하여 혼합물의 온도를 모니터링 한다. 온도가 안정화되면, ▶을 눌러 데이터 수집을 종료한다.

08. 이전과 마찬가지로, 최대 온도값을 읽고 이 값을 데이터 표에 입력한다.

09. 이 방법으로 5~8번 단계를 반복하여, 나머지 반응물혼합물 각각에 대해 도달된 최대 온도를 측정한다.

10. 결과 확인을 위해 필요한 경우 해당 절차를 반복한다.

5 분석

분석을 완료하면 데이트 표에 계산 결과를 기록한다.

01. 제공된 템플릿을 사용하여 데이터 그래프를 작성한다. 데이터 표에 기록한 데이터 포인트들을 그래프로 구성한다. 반응 혼합물의 최대 온도가 용액 A의 양이 감소함에 따라 특정 부피 비로 증가하기 시작할 것이며, 해당 데이터 포인트 이후 감소되기 시작할 것이라는 사실에 유의해야 한다. 우리는 이러한 데이터 포인트와 다음 데이터 포인트 사이에 최적의 몰 비가 위치하며 이러한 지점에서 반응의 최대 온도가 감소되기 시작한다는 사실을 알고 있다.

02. 반응의 최대 온도가 증가하는 데이터 포인트들을 통해 베스트 핏(best-fit; 최적합) 라인을 그린다(선형최소제공법 사용).

03. 반응의 최대 온도가 감소하는 데이터 포인트들을 통해 베스트 핏(best-fit; 최적합) 라인을 그린다(선형최소제공법 사용).

04. 두 개의 베스트 핏 라인들의 교차점은 반응에 대한 최대 온도 증가점을 나타낸다. 라인들의 교차점에서 반응에 대한 최대 온도 변화에 해당되는 용액 A와 용액 B의 상대적인 부피를 확인한다. 이 부피에서, 반응의 이상적인 조건에 대해 정확한 몰 비를 계산한다. 실험 노트에 이 정보를 기록한다.

05. 실험 노트에 이 반응을 나타내는 정확한 이온식을 기록하고 균형을 맞춘다.

6 데이터 표

용액 A	용액 B	최대 온도
10.0 mL	0.0 mL	
9.0 mL:	1.0 mL	
8.0	2.0	
7.0	3.0	
6.0	4.0	
5.0	5.0	
4.0	6.0	
3.0	7.0	
2.0	8.0	
1.0	9.0	
0.0	10.0	

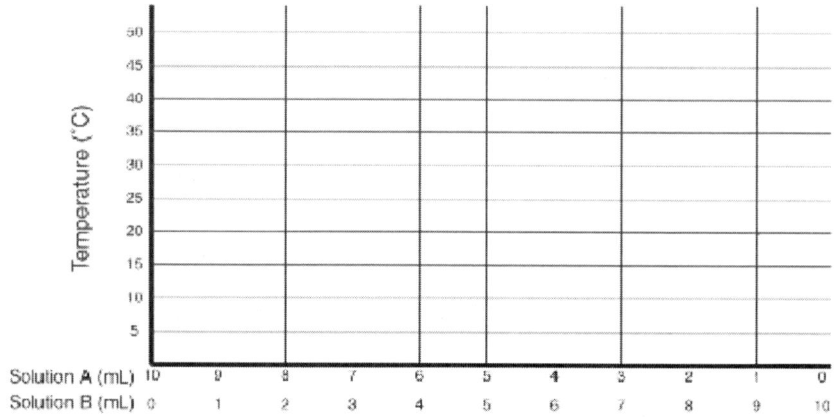

반응물의 온도 vs 부피 그래프

7 질문

01. 그래프에서 가장 큰 온도 변화에 해당되는 위치를 확인한다. (힌트: 2개의 베스트 핏 라인의 교차점은 어디에 위치하는가?)

각각의 반응물 용액 가운데 이러한 포인트에 해당되는 부피는 얼마인가?

mL 용액 A(차아염소산나트륨):

mL 용액 B(티오황산나트륨):

02. 가장 큰 온도 변화에 필요한 반응물의 비(용액 A의 부피:용액 B의 부피)에 근거하여 볼 때, 반응에 대한 정확한 화학양론은 무엇인가?

03. 반응 5에서 한계 반응물은 무엇인가? 어떻게 알 수 있는가?

04. 반응물의 상대적인 양의 변화에도 불구하고 반응물의 부피를 일정하게 유지하는 것이 중요한 이유는 무엇인가?

05. 정확한 화학양론 비가 최대 온도 변화를 발생시킨 몰 비에 의해 결정되는 이유가 무엇인지 설명하시오.

실험 14 화학량론 I

실험일자 :

실 험 자 : 학번 학과 조 이름

실험_15

화학량론 II

배 경 BACKGROUND

질량보존의 법칙은 질량이 화학반응에 의해서 증가하거나 감소할 수 없다는 사실을 설명해준다. 질량이 증가하거나 감소할 수 없을 뿐만 아니라, 원자도 반응에 의해 변할 수 없으며 재정렬될 뿐이다. 그러므로, 반응을 정확하게 식으로 나타내보면, 반응식의 양쪽에 있는 각각의 원자의 수는 동일하며 이 식은 완결된 화학반응이라 한다.

이 실험에서 여러분은 특수한 이중치환반응을 다루게 될 것이다. 이중치환반응에는 2개의 이온 화합물 간에 또는 이온 화합물과 산 간에 발생되는 이온 교환이 수반된다. 특히, 여러분은 반응에 따라 중탄산나트륨과 염화수소산을 반응시킬 것이다:

$$NaHCO_{3(s)} + HCl_{(aq)} \longrightarrow NaCl_{(aq)} + H_2CO_{3(aq)}$$

탄산(H_2CO_3)은 다음과 같은 반응에 따라 분해되어 이산화탄소를 생성한다:

$$H_2CO_{3(aq)} \longrightarrow H_2O_{(l)} + CO_{2(g)}$$

그 다음, 전체적인 반응은 이러한 2개의 반응을 조합하여 구성할 수 있다:

$$NaHCO_{3(s)} + HCl_{(aq)} \longrightarrow NaCl_{(aq)} + H_2O_{(l)} + CO_{2(g)}$$

이 반응의 생성물 중 하나가 기체이므로, 반응의 진행은 밀폐된 용기에서 압력 변화를 측정하여 결정할 수 있다.

반응을 식으로 기록하고 정확하게 완결시키면, 하나의 생성물이나 반응물을 다른 생성물이나 반응물에 관련시키는데 사용할 수 있다. 위의 반응에 따르면, HCl의 몰 수는 정확하게 1몰의 $NaHCO_3$을 필요로 할 것이며 1몰의 생성물을 각각 생성할 것이다. 그러나, 실제는 그러한 양이 항상 일치되는 것은 아니다. 다시 말해, 반응물 하나는 필요한 양보다 더 많이 존재하고 다른 반응물은 부족하게 존재할 수 있다. 필요한 양보다 훨씬 많은 양이 존재하는 반응물은 과잉반응물이 된다. 다른 반응물은 생성물의 양을 제한하므로 한계 반응물이라 한다.

예를 들어, 혼합물이 1몰의 HCl을 함유하고 있지만 $NaHCO_3$는 1/2몰만 함유하고 있다면, $NaHCO_3$가 모두 사용되었더라도 HCl은 어느 정도 남게 되며 (과잉량) 생성물은 1/2몰만이 생성된다. 이 경우, $NaHCO_3$는 생성될 수 있는 생성물의 양을 제한하므로(모두 사용되기 때문) 한계 반응물이 된다.

이 실험에서, 여러분은 중탄산나트륨의 양을 변화시키면서 0.5 M 염화수소산과 반응시킬 것이다. 중탄산나트륨은 처음에는 한계 반응물로서 작용하다가 나중에는 과잉 반응물이 된다. 여러분이 기록한 압력 측정값에 근거하여, 중탄산나트륨이 과잉으로 존재하는 지점이 어디인지를 결정할 수 있을 것이다. 화학양론 계산 즉, 균형 화학반응식에서 얻은 몰 비에 근거한 계산 과정을 통해 여러분이 사용한 산용액의 농도를 결정할 수 있을 것이다.

목 적 PURPOSE

화학양론을 사용하여 이중치환반응에서 과잉 반응물로서 그리고 한계 반응물로서 사용한 산용액의 몰랄 농도를 결정한다.

재료 및 기구 REAGENT & APPARATUS

기구	PASPORT Xplorer GLX, PASPORT 화학 센서, 전자저울, 1구 마개 및 튜브가 달려있는 삼각플라스크, 250 mL, 눈금 실린더 100 mL, 세척병 및 폐기물 용기, 보호장구
재료	중탄산나트륨($NaHCO_3$), 1.0 g 0.5 M 염화수소산(HCl), 25.0 mL

안전주의사항 SAFETY & HINT

- 보안경을 착용하고 표준 실험실 안전 절차를 준수한다.

생각해 보기 THINKING

01. 보다 많은 양의 중탄산나트륨을 염화수소산과 반응시키면 어떠한 압력 변화를 예상할 수 있는가? 설명하시오.

02. 이 실험에서 사용할 산은 염화수소산이며 염기는 중탄산나트륨이다. 이러한 반응에 대한 균형 화학반응식을 쓰시오.

03. 이 반응에서 산과 염기의 비는 어떠한가?

실험 방법 PROCEDURE

1 장비 설치

01. 5가지의 다른 양의 중탄산나트륨을 계량하여 5가지 실험을 모두 준비한다. 0.10 g으로 시작하여 0.30 g에 도달할 때까지 각각 0.05 g을 추가한다.

02. 염화수소산 5.0 mL를 깨끗한 250 mL 삼각플라스크에 부어준다.

03. 다음 용액에 대한 데이터 수집을 시작하기 전에 용액 1개에 대한 작업을 완료한다.

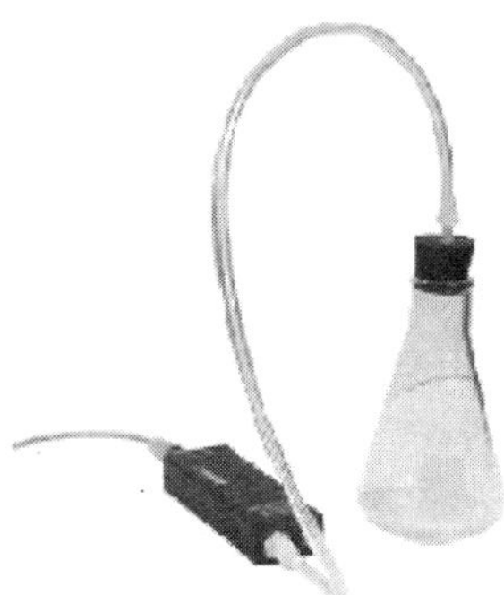

2 Xplorer GLX 설치

01. Xplorer GLX에 화학 센서를 연결한다.

02. Xplorer GLX를 켠다.

03. (홈), (F1)을 눌러 그래프 디스플레이를 연다.

3 데이터 기록

01. 플라스크의 마개를 닫아 최초 압력을 측정한다.

02. ▶을 눌러 절대 압력 기록을 시작한다.

03. 중탄산나트륨-압력 표에 0그램 값에 해당되는 최초 압력을 기록한다.

04. ▶을 다시 눌러 데이터 수집을 종료하고 플라스크에서 마개를 제거한다.

05. ▶을 눌러 절대 압력 기록을 다시 시작한다.

06. 중탄산나트륨을 플라스크에 신속하게 부어준다. 중탄산나트륨과 염화수소산의 반응이 신속하게 나타나므로, 한 사람은 플라스크를 잡고 마개를 채우는 일을 담당하도록 하고 다른 사람은 플라스크에 중탄산나트륨을 부어주는 일을 담당해야 한다. 이러한 작업을 신속하게 수행하는 것은 좋은 결과를 얻는데 있어 중요하다.

07. 압력에 대한 그래프 디스플레이를 살펴보고 최대값에 도달하는지 그리고 안정화되어 있는지 확인한다. 바람직한 결과를 얻을 수 있도록 플라스크의 내용물을 저어준다.

08. ▶을 다시 눌러 데이터 수집을 종료한다.

09. 적절한 폐기물 통에 플라스크의 내용물을 버린다.

10. 플라스크를 물로 완전히 세척하고 다음 시험을 수행하기 전까지 플라스크 내부를 건조시킨다.

11. 나머지 중탄산나트륨 시험의 경우 1~10 단계를 반복한다. 데이터 수집이 종료되면, (0 g에서) 최초 압력을 포함하여 6개의 데이터 세트가 구성되어야 한다.

4 분석

분석이 종료되면 데이터 표에 계산 결과를 기록한다.

01. (F3)을 누른 후 (4)을 눌러 **Statistics(통계)**창을 연다.

02. 그래프에 있는 Run #(실행 번호) 필드로 전환하려면 Arrow Keys(화살표 키)를 사용한다. 각각의 실행에 대한 최대 압력을 구하려면 각각의 실행을 전환한다. 적절한 데이터 표에 이 값을 기록한다.

03. (홈화면에서 (F1)을 눌러) Table(표) 디스플레이를 연다.

04. **Arrow Keys(화살표 키)**를 사용하여 활성 필드로 전환한다. Clear Column(컬럼 삭제)을 선택한다.

05. 필드를 다시 활성화시키고 Keyboard Data(키보드 데이터)를 선택한다.

06. 중탄산나트륨의 그램에 대한 값을 컬럼에 입력한다.

07. **Edit(편집)** 메뉴 (F3)를 연 후 New Data Column(새로운 데이터 컬럼)을 선택한다.

08. **Arrow Keys(화살표 키)**를 사용하여 새로운 컬럼으로 이동한다. 최대 압력에 대한 값을 해당 행에 입력한다.

09. **Graph(그래프)** 디스플레이 (⌂+F1)로복귀한다.

10. ✓ 을 사용하여 데이터 필드를 활성화한다. **Arrow Keys(화살표 키)**를 사용하여 필드를 전환하여, x축에 중탄산나트륨의 그램을 표시하고 y축에는 최대 압력을 표시한다.

5 데이터 표

중탄산나트륨의 질량(g)	절대압력(kPa)
0.0	
0.10	
0.15	
0.20	
0.25	
0.30	

질문 QUESTION

01. 그래프 2(최대 압력 vs. 중탄산나트륨의 그램)를 사용하여 반응을 완료하는데 얼마나 많은 중탄산나트륨이 필요하였는지를 결정하시오. 중탄산나트륨의 그램 수를 몰 수로 변환하시오.

02. 배경 섹션에 설명한 균형 화학반응식을 사용하여, 반응이 완료되면 반응에서 얼마나 많은 염화수소산이 소비되었는지 몰 수를 구하시오 .

03. 여러분이 사용한 용액의 부피(5.0 mL)와 위에서 계산한 몰수에 근거하여, 반응을 완료하는데 필요한 산용액의 농도를 계산하시오.

04. 이 실험에서 실험 오차의 가장 중요한 원인은 무엇인가?

05. 이러한 오차가 농도에 어떠한 영향을 미치는가? 다시 말해, 산의 실제 농도가 여러분이 계산한 농도보다 높다고 생각하는가 낮다고 생각하는가?

06. 첫 번째 데이터에서, $NaHCO_3$은 한계 반응물이었고 HCl은 과잉 반응물이

었다. 마지막 데이터에서, HCl은 한계 반응물이었고 $NaHCO_3$은 과잉 반응물이었다.

07. 다음 반응에 대하여

$$CaCO_3(s) + 2HCl(l) \rightarrow CaCl_2(s) + H_2CO_3(aq)$$

배경에서 설명한 바와 같이, 탄산은 다음과 같이 분해된다.

$$H_2CO_3(aq) \rightarrow H_2O(l) + CO_2(g)$$

a. 중탄산나트륨과 비교하여 동일한 염화수소산 시료와 반응하는 탄산칼슘($CaCO_3$)의 양은 어떠한가? 많은가? 적은가? 아니면 동일한가?

b. 첨가한 탄산칼슘의 그램 vs. 절대 압력 그래프가 여러분이 작성한 그래프와 어떠한 차이가 있는가?

c. 0.5 M HCl 5.0 mL를 사용하여 위의 반응을 완료하는데 필요한 탄산칼슘($CaCO_3$)의 그램 수는 얼마인가?

실험 15 화학량론 Ⅱ

실험일자 :

실 험 자 : 학번 학과 조 이름

실험 _ 16

화학반응의 몰 개념: 화학반응식의 결정

배 경 BACKGROUND

우리는 화학반응에 사용되는 물질의 종류와 양을 이용하여 화학반응식을 결정할 수 있다. 화학반응식의 계수는 반응에 사용된 물질의 질량을 몰수로 바꾼 후 성분 물질들의 몰수를 최소정수비로 환산하여 결정할 수 있다. 하지만 반응에 참여하는 물질의 질량을 모두 다 측정하는 것은 쉽지 않다. 예를 들어 기체가 만들어지는 반응의 경우 기체는 반응과정에서 날아가 버리기 때문에 그 기체를 모아서 질량을 측정하기는 아주 어렵다. 그러나 반응에 사용되는 일부 물질의 질량(몰수)만 아는 경우에도 화학식의 양적 균형을 이용하여 전체 화학식을 결정할 수 있다.

화학반응식은 질량보존법칙에 따라 결정할 수 있다. 예를 들어 알루미늄이 HCl(aq)과 반응하면 $AlCl_3$와 수소기체를 만든다. 이때 54.8 g 또는 1.50몰 HCl이 알루미늄과 반응하면 66.8 g 또는 0.500몰 $AlCl_3$를 만든다. 이 결과로부터 HCl과 알루미늄은 3:1의 몰 비율로 반응함을 알 수 있고 다음과 같은 화학식을 쓸 수 있다.

$$Al + 3HCl \longrightarrow AlCl_3 + H_2$$

여기서 계수는 알루미늄과 염소원자의 경우에는 맞지만 수소의 경우에는 맞지 않다. 반응물과 생성물의 양적 균형을 맞추기 위해서는 수소분자가 3/2몰 생성됨을 알 수 있고, 모든 성분에 2를 곱하여 다음과 같은 균형화학식을 완성할 수 있다.

$$2Al + 6HCl \rightarrow 2AlCl_3 + 3H_2$$

완성된 화학식에도 HCl과 알루미늄은 3 : 1의 비율을 유지하고 있음을 알 수 있다.

이번 실험은 $NaHCO_3$와 HCl이 반응하여 NaCl과 두 가지 기체를 만드는 과정이다. $NaHCO_3$와 NaCl의 몰수를 실험을 통해 얻게 되고, 그 결과를 이용하여 화학반응식의 질량보존법칙을 확인한다. 많은 경우 실험의 편의를 위해 일부 성분을 과량으로 사용하게 되며, 이 실험에서는 과량의 HCl을 $NaHCO_3$와 반응시킨다. 만들어진 NaCl의 무게를 이용하여 $NaHCO_3$와 HCl 사이의 반응 몰수를 계산할 수 있고, 화학반응식도 구하게 된다. 또한 실험 결과로 얻어진 값이 질량보존법칙을 만족시키는지 확인할 수 있다.

재료 및 기구 REAGENT & APPARATUS

기구	증발접시 가열장치(가열판 혹은 버너, 스탠드, 고리, 쇠그물 등) 저울 핀셋 약숫가락 시계접시 시험관(약20 mL 이상) 및 시험관스탠드(혹은 비이커) 점적용 피펫 및 피펫벌브 실험보호 장구(보안경, 보호 장갑, 실험복 등)
재료	6M HCl(6 mL) $NaHCO_3$(2.5 g) 증류수

안전주의사항 SAFETY & HINT

- HCl은 화상을 입히므로 피부와 눈에 닿지 않도록 주의한다.
- 가열판이나 버너를 사용하여 가열할 때에는 항상 주의를 기울인다. 특히, 가열시 발생하는 뜨거운 증기로 인해 화상이 발생하지 않도록 유의한다.
- 뜨거운 가열판이나 증발접시에 화상을 입지 않도록 주의한다. 가열판이나 증발접시는 뜨거워도 겉보기에는 구분하기 어렵기 때문에 특히 주의가 필요하다.

- 보안경과 보호 장갑을 착용하고 실험실 안전 수칙을 따른다.
- 화합물 시료를 조심해서 다룬다.

실험 방법 PROCESS

1. 증발접시를 깨끗하게 씻은 후 잘 건조시킨다. 뜨거워진 오븐이나 가열판을 이용한다.
2. 증발접시를 식힌 후 무게를 측정하고 $NaHCO_3$ 약 2.5 g을 증발접시에 담아 정확한 무게를 측정한다. 무게는 0.01 g까지 측정한다. 측정이 끝난 증발접시를 시계접시로 덮는다.
3. 6M HCl 약 6 mL를 깨끗한 시험관에 옮기고 그 HCl용액을 피펫을 사용하여 $NaHCO_3$에 서서히 가한다. 이 때 HCl용액은 증발접시의 가장자리에 한 방울씩 떨어뜨려 반응이 격렬히 일어나지 않게 한다(안전주의).
4. 반응이 정지할 때까지 HCl을 서서히 가한다.
5. 접시를 기울여 HCl용액이 모든 $NaHCO_3$를 적시게 한다. 반응하지 않은 $NaHCO_3$가 남아 있으면 HCl용액을 몇 방울 더 떨어뜨려 반응을 완결한다. 시계접시를 집게로 집어내고 시계접시의 밑바닥을 매우 적은 양의 증류수를 사용하여 증발접시로 씻어낸다.
6. 증발접시의 액체를 가열판(혹은 다른 가열기구)에서 끓을 때까지 서서히 가열한다. 용액이 끓어 넘치지 않도록 주의하면서 모든 수분이 증발할 때까지 계속 가열한다.
7. 가열이 끝나면 증발접시를 식히고 무게를 0.01 g까지 측정한다.
8. 내용물이 담겨있는 증발접시를 다시 세게 가열하고 식힌 후 무게를 측정한다. 무게는 실험과정 7에서 측정한 값과 0.02 g 이내로 일치될 때까지 이 과정을 반복한다.
9. 마지막 무게를 측정한 다음 증발접시의 내용물을 씻는다.

1 실험결과

01. 데이터 표

빈 증발접시 무게	g
증발접시 + $NaHCO_3$ 무게	g

(계속)

$NaHCO_3$ 무게	g
증발접시 + NaCl 무게	g
NaCl 무게	g

02. 반응에 사용한 $NaHCO_3$ 몰수 계산.

03. 생성된 NaCl 몰수 계산.

04. 화학식과 실험에서 얻어진 몰수 비교.

질문 QUESTION

01. 이 실험에서 한 생성물은 NaCl이고 다른 두 생성물은 기체 혹은 기체로 증발시킨다. 한 기체는 석회수를 흐리게 한다. 이 실험에서 일어나는 반응을 화학반응식으로 나타내시오.

02. 화학반응식에서 $NaHCO_3$와 NaCl의 몰비는 얼마인가? 이 값을 실험에서 얻어진 몰비와 비교하시오.

03. 충분한 양의 HCl과 3.25몰 $NaHCO_3$와 반응할 때 NaCl은 몇 몰 생성되는가?

04. 이 실험은 어떻게 질량보존법칙을 설명할 수 있는가?

05. 한계시약(한계반응물)이란 무엇을 말하는가? 또한 이 실험에서 한계시약은 무엇인가?

06. $NaHCO_3$의 구조, 관용명, IUPAC 이름, 그리고 용도를 조사하시오.

실험 16 화학반응의 몰 개념: 화학반응식의 결정

실험일자 :

실 험 자 : 학번 학과 조 이름

실험 _ 17

아보가드로 수의 결정

배 경 BACKGROUND

질량수 12인 탄소 12 g에 들어있는 탄소원자의 수를 아보가드로 수(Avogadro' s number, $N_A = 6.022 \times 10^{23}$)라고 하며, 아보가드로 수 만큼에 해당하는 개체(원자, 분자, 이온 등)의 양을 1몰(mole, 약자: mol)이라고 한다.

우리가 아보가드로 수를 모른다고 할 때, 아보가드로 수는 탄소 원자 1몰의 부피(V_m)와 탄소 원자 1개의 부피(V_1)를 알면 구할 수 있다($N_A = V_m/V_1$). 지구상의 탄소는 동위원소가 존재하여 1몰의 평균 원자량이 12.011 g이며, 탄소원자가 촘촘히 쌓여 만들어진 다이아몬드의 밀도($3.51 g/cm^3$)를 이용하면 탄소원자 1몰의 부피를 간단히 계산할 수 있다. 이 경우 계산된 탄소원자 1몰의 부피는 빈 공간을 포함하고 있어서 정확한 값은 아니지만 아보가드로 수의 대략적인 값을 확인하는 데는 큰 지장이 없다. 탄소원자 1개의 부피를 정확히 알아내는 것은 쉽지 않지만, 이 실험에서는 표면(계면) 현상을 이용하여 탄소원자 1개의 부피를 구하게 된다.

물 분자는 극성을 띠고 있고 수소결합도 한다. 따라서 물은 전하를 띤 이온이나 다른 극성 분자를 잘 녹일 수 있는 반면에 벤젠이나 핵세인(핵산, hexane)과 같은 비극성 분자들과는 잘 섞이지 않는다.

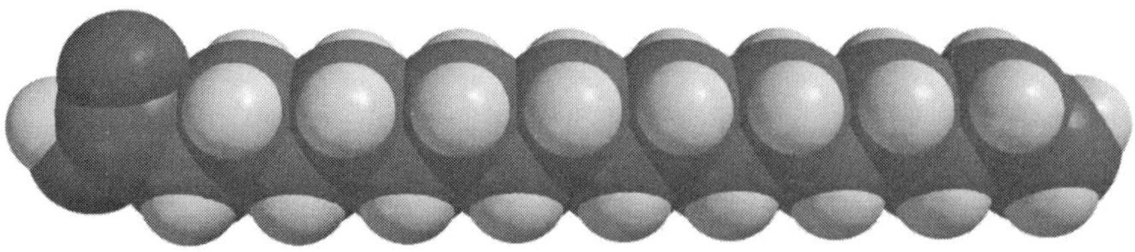

그림 17-1 스테아르산의 공간 채움 모형. 왼쪽 끝에 극성인 카르복실기가 있고 비극성인 긴 탄화수소 사슬로 구성된다. 수소는 탄소에 비해 크기가 작다.

스테아르산(stearic acid, $CH_3(CH_2)_{16}COOH$)은 극성이 없는 긴 탄화수소 사슬의 끝에 극성을 띠는 카르복실기($-COOH$)가 붙어 있는 긴 사슬모양의 분자이다. 이런 분자는 극성을 띠는 카르복실기는 물과 잘 섞이지만 비극성인 탄화수소 사슬은 물과 잘 섞이지 않는다. 따라서 물 표면에 스테아르산을 조심스럽게 펼쳐 놓으면 카르복실기가 물 쪽으로 향하고 비극성인 탄화수소 사슬은 물의 바깥쪽으로 서있는 단분자층의 막이 형성된다. 이런 막을 Langmuir막이라 부른다(그림 17-2).

스테아르산이 물 표면에서 단분자층의 막을 형성하면, 막 형성에 사용된 스테아르산의 양을 이용하여 분자의 길이를 구할 수 있다. 즉 스테아르산의 밀도 ($0.847 g/cm^3$)는 물 표면의 단분자층 막의 면적에 분자의 길이를 곱한 값이 된다. 긴 사슬 모양의 스테아르산 분자는 탄소원자 18개가 일 열로 쌓여있는 것으

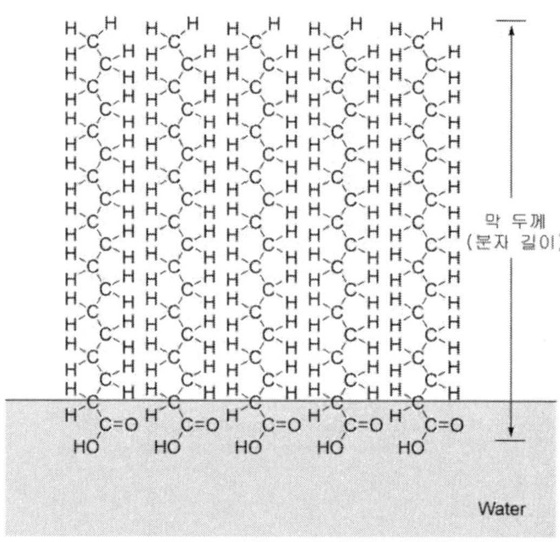

그림 17-2 물/공기 계면에 위치한 스테아르산 단분자층 막의 일부분. 이 그림에서 수소의 크기는 표현을 위해 과장되어 있다(그림 17-1 참조).

로 생각할 수 있기 때문에, 스테아르산 분자의 길이로부터 탄소 1개의 크기와 부피를 계산할 수 있다. 이와 같이 얻어진 탄소 1개의 부피는 다이아몬드 밀도에서 계산된 탄소 1몰의 부피와 비교하여 아보가드로 수를 구할 수 있다. 이러한 계산과정은 많은 단순화된 가정을 포함하고 있지만 아보가드로 수의 대략적인 값을 알아내는 데에는 큰 지장이 없다.

이 실험에서는 스테아르산 단분자층 막을 고르게 형성시키기 위해 스테아르산을 핵세인(핵산, hexane)에 녹여 물 표면에 떨어뜨리게 된다. 휘발성이 있는 핵세인은 서서히 증발하고 스테아르산은 막을 형성한다. 핵세인과 스테아르산은 물 위에서 식별하기 어렵기 때문에 송화가루나 물에 녹지 않는 분말을 물 위에 퍼트려 막의 크기를 알기 쉽게 한다.

재료 및 기구 REAGENT & APPARATUS

기구	눈금실린더(10 mL) 시험관(약 10 mL) 및 시험관스탠드(혹은 비이커) 점적용 피펫(끝이 가는 것) 및 피펫벌브 물그릇(큰 것) 약숟가락 30cm 막대 자 실험보호 장구(보안경, 보호 장갑, 실험복 등)
재료	스테아르산/Hexane 용액(실험조당 약 5mL 필요) – 스테아르산(1.5 g): Hexane(1 L) 의 비율 Hexane 약 10 mL 증류수 송홧가루(혹은 물과 섞이지 않는 미세 분말)

안전주의사항 SAFETY & HINT

- Hexane은 휘발성이 강하고 인화성이 커서 화재에 주의한다.
- 송홧가루를 사용할 경우 알러지가 있는 사람은 주의한다.
- 보안경과 보호 장갑을 착용하고 실험실 안전 수칙을 따른다.
- 화합물 시료를 조심해서 다룬다.
- 스테아르산은 비누를 만드는 지방산의 한 종류이기 때문에 물그릇은 비누로 세척하지 않는 것이 좋다. 비누가 묻었을 경우에는 여러 번 물로 잘 헹군다. 비누 대신에 메탄올/NaOH 용액에 담갔다가 사용하는 것이 가장 좋다.

1 스테아르산/Hexane 용액준비

스테아르산/Hexane 용액은 한 실험단위에 약 5 mL정도 필요하다. 이 경우 스테아르산 0.0075 g 정도가 필요하지만 무게 측정에서 정밀도가 요구되므로 모든 실험조가 사용할 용액을 한꺼번에 만들어 무게 측정의 유효숫자가 충분하도록 한다. 이 용액은 용매가 증발하지 않도록 주의한다.

실험 방법 PROCESS

01. Hexane 약 10 mL를 시험관에 준비한 후 피펫으로 이 용액을 눈금실린더에 3~4 mL 정도 채우고 눈금을 읽는다.

02. 피펫을 똑바로 세운 상태로 용액을 눈금실린더로 한 방울씩 떨어뜨려 들어간 용액 부피가 1 mL가 될 때까지 들어간 방울 수를 센다. 피펫의 각도가 달라지면 방울의 크기가 달라지기 때문에 주의한다. Hexane은 휘발성이 강해서 피펫 내부에 hexane증기가 차 있지 않으면 용액이 흘러내리게 된다. 이 과정은 2~3회 반복하여 평균 방울수를 구하고 한 방울의 부피를 환산한다.

03. 사용한 피펫과 눈금실린더 속의 hexane을 회수통에 버리고 피펫과 눈금실린더를 말려 다음 과정을 위해 준비하해 둔다.

04. 깨끗한 물그릇에 물을 반쯤 채우고 수면이 잔잔해질 때까지 기다린다.

05. 약숟가락으로 송홧가루를 물 표면에 조심스럽게 뿌려준다.

06. 앞에서 만든 스테아르산/hexane 용액 약 5 mL를 준비한 후 이 용액 한 방울을 단계 2에서 사용한 피펫을 사용하여 똑바른 각도로 송홧가루가 펴져있는 물표면 한 가운데에 떨어뜨린다. 이 때 피펫은 스테아르산/hexane 용액으로 헹군 후 사용하여야 피펫 끝에서의 용매 증발로 인한 농도 증가를 막을 수 있다.

07. 물 표면에 펴져 있는 용액의 경계면을 확인하고 용매가 증발할 때까지 기다린 후 원형 스테아르산 단분자층 막의 지름을 측정한다. 막의 모양이 원형이 아닌 경우에는 대각선 방향의 길이를 여러 군데 측정하여 평균값을 얻는다.

1 실험결과

데이터 표

1. 피펫 보정 1.00 mL에 해당하는 hexane 방울 수	____________ 방울

(계속)

Hexane 1방울의 부피	________ mL/방울
2. 스테아르산 단층막 두께	
용액 1방울 속 스테아르산 질량	________ g
스테아르산의 밀도	0.847 g/cm^3
용액 1방울 속 스테아르산 부피	________ cm^3
단층막 직경	________ cm
단층막 넓이	________ cm^2
단층막 두께	________ cm
3. 탄소원자 1개의 크기와 부피	
단층막 두께에서 계산한 탄소원자 크기 (단층막 두께/18)	________ cm
탄소원자가 정육면체로 가정한 부피	________ cm^3
4. 탄소원자 1몰의 부피	
다이아몬드 밀도	3.51 g/cm^3
다이아몬드 밀도에서 계산한 탄소 1몰 부피	________ cm^3/mol
5. 아보가드로 수 계산	
데이터표 3, 4에서 계산한 아보가드로 수	________
실제 아보가드로 수	6.022×10^{23}

질문 QUESTION

1. 1몰의 사탕이 있다면 50억 명의 사람들이 70년(약 1평생) 동안 1초에 먹을 수 있는 사탕 수는?

2. 한 학생이 1몰의 에탄올(46.07 g/mol, 약 58.4 mL, 대략 1회용 종이컵 1/3정도)을 바다에 버렸다. 이 에탄올이 모든 바닷물에 골고루 섞였다고 가정할 때 지구상 어떤 바다에서든 1 L 의 바닷물을 체취하면 그 물 속에 학생이 버렸던 에탄올 분자가 발견될 수 있을지 예상해보고, 직접 계산을 통해 1L 의 바닷물 속에 존재할 에탄올 분자 수를 확인하시오(지구 표면의 약 71%가 바다로 덮여있다. 바닷물 전체 부피는 13억 6900만 km^3으로 지구상 모든 물의 약 98% 이상을 차지한다).

실험 17 아보가드로 수의 결정

실험일자 :

실 험 자 : 학번 학과 조 이름

실험 _ 18

활성탄의 흡착 성질과 응용

활성탄(activated carbon)은 나무, 숯, 석탄 등으로부터 비탄소물질의 대부분을 제거한 다공성 탄소재료인데, 그 종류도 다양하다. 활성탄은 식품제조와 약품제조를 비롯한 매우 다양한 화학공정에서 불순물이나 오염물질을 제거하는데 광범위하게 이용되고 있다. 이 밖에도 활성탄은 음용수의 처리, 폐수처리, 각종 화학반응의 촉매 등 그 응용분야는 매우 다양하다.

이 실험에서는 활성탄의 흡착능력을 확인하는 것이다. 또 흑설탕을 정제하여 백설탕으로 만드는 과정에 활성탄이 이용될 수 있을 지 확인해 보자.

목 적 PURPOSE

활성탄을 이용하여 물질을 정제할 수 있다.

재료 및 기구 REAGENT & APPARATUS

콜라, 묽은 메틸오렌지 용액, 잉크로 오염됨 물, 흑설탕, 활성탄, 비이커, Hot plate.

실험 방법 PROCESS

1 콜라의 갈색물질(카라멜) 제거

약 30 mL 의 콜라가 담겨져 있는 비이커에 반 스푼 정도의 활성탄을 넣어 준다.

이 혼합물을 약 2 분간 끓인 후 깔때기를 이용하여 여과한다. 거른 액의 색깔을 관찰한다.

2 메틸오렌지로 오염된 물의 정제

약 30 mL 의 묽은 메틸오렌지 용액이 담겨져 있는 비이커에 반 스푼 정도의 활성탄을 넣어 준다. 이 혼합물을 약 2 분간 끓인 후 깔때기를 이용하여 여과한다. 거른 액의 색깔을 관찰한다.

3 잉크로 오염된 물의 정제

활성탄을 이용하면 잉크로 오염된 물의 정제가 가능한지 실험해 보자.

4 흑설탕의 정제

약 10 g의 흑설탕을 따뜻한 물(약 30 mL)에 녹인 후 용액의 색깔을 관찰한다. 이 흑설탕 용액에 한 스푼 정도의 활성탄을 넣어 준다. 이 혼합물을 저어주면서 약 5분간 끓인 후 뜨거운 상태에서 여과한다. 거른 액의 색깔을 관찰한다.

남은 시간 동안, 정제된 설탕을 회수하는 방법을 토론하고, 실험을 통해 그 방법을 확인해 본다.

질문 QUESTION

01. 활성탄을 이용하여 콜라의 갈색물질(카라멜)을 제거할 수 있는가?

02. 물에 오염된 메틸오렌지를 제거할 수 있는가?

03. 활성탄을 이용하면 잉크로 오염된 물의 정제가 가능한가?

04. 활성탄의 흡착능력이 우수하다면 그 이유를 조사해 봅시다.

05. 흑설탕으로부터 백설탕을 얻을 수 있는 방법을 적어봅시다.

06. 활성탄의 흡착능력을 응용하고 있는 분야를 적어 봅시다. 활성탄의 다른 응용분야도 함께 조사해 봅시다.

실험 18 활성탄의 흡착 성질과 응용

실험일자 :

실 험 자 : 학번 학과 조 이름

실험 _ 19

분광광도계를 이용한 용액의 농도 계산

배 경 BACKGROUND

많은 화합물은 색깔을 띤다. 색깔을 띠는 물질은 가시광선 중 특정 파장의 빛을 흡수한다. 이러한 물질을 어떤 용매에 녹였을 때, 물질의 농도는 용액이 빛을 흡수하는 정도 즉 용액의 흡광도에 비례한다. 즉 용질의 농도가 진할수록 용액의 흡광도는 증가한다. 그러므로 특정 파장에서 용액의 흡광도를 측정하면, 용질의 농도를 계산할 수 있다. 물질의 농도(c)와 흡광도(A)의 관계는 식(1)과 같이 나타낼 수 있다. 이 식에서 b 는 측정에 사용된 용기의 두께(cm)인데, 가장 흔하게 사용되는 용기의 두께는 1 cm 이다. 또 ε은 흡광계수로서 화합물마다 고유한 값을 가진다. 용질의 농도는 별도로 조제한 표준용액 즉 이미 농도를 알고 있는 용액의 흡광도의 측정으로부터 계산 할 수 있다.

$$A = \varepsilon bc$$

목 적 PURPOSE

분광광도계를 이용하여 용액의 농도를 측정할 수 있다.

재료 및 기구 REAGENT & APPARATUS

분광광도계, 흡광도 측정용 cell, 표준용액(0.3 M $CuCl_2 \cdot 6H_2O$ 수용액), 농도를 모르는 시료용액(3 종 이상), 시험관.

실험 방법 PROCESS

주의사항: 세부적인 실험방법은 분광광도계의 종류에 따라 달라질 수 있습니다. 그러므로 이 실험은 담당교수나 조교의 설명을 잘 듣고 수행해야 합니다.

01. 분광광도계를 켜고 예열한다.

02. 실험을 시작하기 전에 분광광도계를 사용하는 방법과 흡광도 측정 과정에서 주의해야 할 사항을 충분히 이해한다.

03. 이미 측정된 표준용액의 스펙트럼(350~900 nm 범위)을 보고, 흡광도 측정에 가장 유리한 파장을 정한다.

04. 분광광도계의 파장을 선택된 파장으로 고정한다.

05. 먼저 증류수로 채운 cell을 분광계에 넣고, 흡광도를 0.00으로 조절한다.

06. 표준용액의 흡광도를 측정한다. 이 흡광도로부터 화합물의 몰 흡광계수(ε)을 계산한다.

07. 농도를 모르는 시료 용액의 흡광도를 측정한다. 각 시료 용액의 농도를 계산한다.

질문 QUESTION

01. $CuCl_2 \cdot 6H_2O$의 흡광도 측정을 위해 선택한 파장과 몰흡광계수(ε)는 각각 얼마인가? 이 파장을 선택한 이유는 무엇인가?

02. 각 시료 용액의 흡광도로부터 계산된 농도를 기록하고, 이 값을 시료의 실제 농도와 비교해 보시오.

03. 시료의 농도와 측정된 흡광도의 관계를 그래프로 그리시오.

04. 선택한 파장에서 0.5 M $CuCl_2 \cdot 6H_2O$ 수용액의 예상되는 흡광도는?

실험 19 분광광도계를 이용한 용액의 농도 계산

실험일자 :

실 험 자 : 학번 학과 조 이름

실험_20

추출

배 경 BACKGROUND

유기반응의 결과로 생성물, 부산물 또는 출발물질 등의 혼합물이 얻어지는데 이들은 두 섞이지 않는 용매 사이에서 분배되는 방법이 서로 다르다. 이와 같은 성질을 분리나 정제에 이용할 수 있으며 이를 추출이라 한다. 추출은 크로마토크래피법과 같이 간단하고 적용범위가 넓다. 두 섞이지 않는 용매에 부분적으로 용해하는 A물질인 경우 용매 1에 A를 용해한 후 용매 2와 섞으면 평형에 도달하게 되는데 이 평형상수를 분배계수(Kp, distribution or partition coefficient)라 하고, 상 1에서의 A의 농도에 대한 상 2에서의 A 의 농도지 즉, 상 1에서의 용해도에 대한 상 2에서의 용해도의 비로 나타낸다.

$$K_P = \frac{\text{상 2에서 A의 용해도}}{\text{상 1에서 A의 용해도}}$$

예를 들어, 물에서 isobutyric acid의 용해도는 diethyl ether 용해도의 1/3이다. 따라서 상 2를 diethyl ether, 상 1을 물리아고 하면 분배계수 K_p = 3이다. 각각 1000 mL의 물과 에테르 혼합용매에 isobutyric acid 40g이 녹아 있다면 각 용매안에 존재하는 isobutyric acid의 양은 얼마인가? 라는 문제에서 x를 물에서의 isobutyric acid의 농도(g/mL)라 하면, K_p = 3이므로 3x가 에테르 중에 있는 isobutyric acid 농도이다. 각 층에 존재하는 산의 무게는 다음 방법으로 계산할 수 있다.

에테르 층에 존재하는 산의 무게: (1000 mL)(3x g/mL) = 3000x g

물 층에 존재하는 산의 무게: (1000 mL)(x g/mL) = 1000x g

용해되어 있는 전체 산의 양 = 40 g

∴4000x g = 40 g

x=0.01

에테르 층의 산의 무게: (3000)(0.01) = 30 g

물 층의 산의 무게: (1000)(0.01) = 10 g

만일 위와 같은 조건에서 500 mL의 에테르로 물 층을 2회 추출했을 때 어떠한가?

첫 번째 500 mL 에테르로 추출했을 경우

에테르에 존재하는 산의 무게: (500 mL)(3x g/mL) = 1500x g

물에 존재하는 산의 무게: (1000 mL)(x g/mL) = 1000x g

전체 산의 양 = 40g = 2500x g

x=0.016

에테르 층의 산의 무게: (1500)(0.016) = 24 g

즉 16 g의 산이 물 층에 남아 있다.

두 번째 500 mL 에테르로 추출했을 경우

에테르에 존재하는 산의 무게: 1500x g

물에 존재하는 산의 무게: 1000x g

16 g = 전체 산의 양 = 2500x g

x=0.0064

에테르 층의 산의 무게: 9.6 g

따라서 추출되는 전체 산의 양은 33.6 g으로 1000 mL로 1회 추출했을 때보다 3.6 g이 더 많이 추출된다.

같은 방법으로 250 mL씩 4 g회 나누어 추출하면 35.7 g의 산이 추출된다. 결국 1000 mL에 에테르를 4번 나누어 추출하는 것이 1000 mL로 한번 추출한 경우보다 더 효과적이다. 그리고 용질을 효과적으로 분리하는데 필요한 추출회수는 분배계수가 클수록 줄어들게 된다.

만일 한 용액 중에 있는 두 화합물의 분배계수가 거의 비슷한 값을 가질 경우에는 두 액체상에 존재하는 두 화합물의 상대적인 농도가 비슷할 것이므로 추출로 분리하는 것보다 분별증류나 분별결정 또는 흡착 크로마토크래피법, 분별추출, 반복추출하면 더 효과적이다.

1 용해도 관련성

액-액추출은 한 개 혹은 그 이상의 화합물들이 섞인 혼합물에서 보다 큰 용해도에 기초를두고 있다. 두 용매 속에 녹아있는 화합물들의 용해도 비로써 분배계수를 나타낸다. 분배계수의 비는 분자간 힘 즉, 수소결합을 형성할 수 있는 화합물들의 능력, 분자의 전하 및 분자쌍극자 3가지 인자를 고려해 예견할 수 있다. 포화탄화수소류 즉 파라핀류는 무극성이라 약한 van der waals 힘만으로 다른 분자와 서로 상호작용을 하나 극성인 물은 매우 강한 형태의 쌍극자-쌍극자 인력인 수소결합을 하므로 극성분자 혹은 이온성염과 강하게 상호작용 또 다른 극단적인 분자형태를 만든다. 탄화수소들-가솔린, 다른 석유 생성물, 그리고 식용유(옥수수기름)-이 물과 섞이지 않는 것은 분자간 힘이 다르기 때문이다.

알콜, 글리세린 그리고 ethylene glycol(부동액)은 물에 잘 녹는 유기물질이다. 알콜은 탄화수소와 히드록시기를 모두 갖고 있으므로 중간 전도의 성질을 갖는다. 메탄올의 경우 히드록시 특성이 지배적이라 물에 잘 녹고 옥탄올 같이 알킬기가 길면 탄화수소 특성이 강해 물에 조금만 녹는다. 대략 탄소를 5개 갖고 있는 알콜이 물에 수용성, 불용성의 경계인데 에테르, 케톤, 알데히드, 카르복시산 그리고 에스테르 등도 비슷하게 적용된다. 액체ㅐ 암모니아와 아민은 수소결합을 할 수 있는 염기성 용매에 용해할 수 다. 아민에도 알킬기가 길면 물에는 조금만 녹는다.

2 반응성 용매

반응성 용매 속에서는 물에 불용성인 유기화합물이 물에 녹는 염을 생성하는 산-염기 반응을 일으킨다. 염 생성으로 화합물의 분배계수는 변화되고 쉽게 물층으로 추출된다. 반응용매로 사용되는 것은 묽은 수용성 알칼리류(5% NaOH, 5% KOH용액), 묽은 수용성 무기산류(5~10% HCl 등) 및 찬 진한 황산이다.

묽은 염기용액(NaOH, Na_2CO_3, $NaHCO_3$)은 용액속의 유기산을 추출할 때나 불순물로 미량의 산이 용액 속에 있을 때 제거하기 위해 사용한다. 추출된 유기산염에 다시 묽은 산을 가하면 유기산은 침전된다.

$$RCOOH + NaOH \rightarrow RCOO^-Na^+ + H_2O$$

(물에 안녹음)　　　　(물에 녹음)

$$RCOOH + NaHCO_3 \rightarrow RCOO^-Na^+ + H_2O + CO_2$$

(물에 녹음)

$$RCOO^-Na^+ + HCl \rightarrow RCOOH + Na{+}Cl^-$$

(물에 안녹음)

혼합물로부터 염기성물질을 추출하거나 염기성 불순물을 제거하기 위해서는 묽은 염산을 사용하여 수용액에 녹는 양이온성 염을 생성케 한다.

예를 들어 반응물중하나가 아민이거나 혹은 피리딘과 다른 아민이 용매로 사용될 때 과량의 아민을 반응의 마지막에 추출로서 제거한다.

$$R\text{-}NH_2 + HCl \rightarrow RNH_3{+}Cl^-$$

(물에 안녹음)　　　　(물에 녹음)

아민의 양이온성 염이 들어 있는 산성용액에 수산화나트륨 수용액을 가해 중화시키거나 약간 염기성이 되도록 하면 원래 유기염기로 되어 침전한다.

$$RNH_3{+}Cl^- + NaOH \rightarrow R\text{-}NH_2 + H_2O + Na^+Cl^-$$

(물에 녹음)　　　　(물에 안녹음)

또, 페놀이 불순물로 반응혼합물에 들어 있을 때 선택하여 유기산으로부터 페놀을 염기성추출로 분리한다.

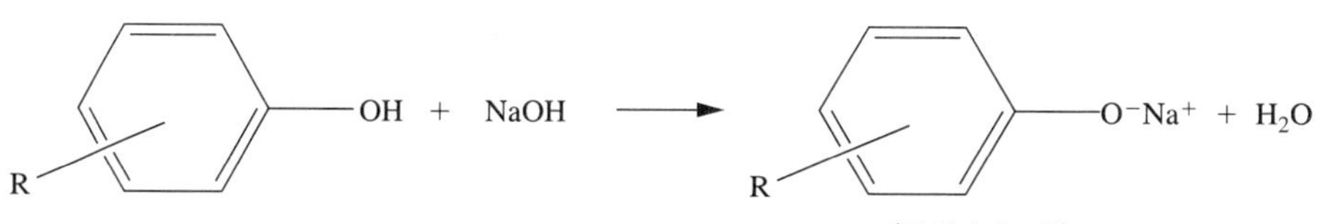

(물에 녹는 염)

산성, 염기성 그리고 중성화합물들의 혼합물은 다음 예에서 처럼 쉽게 추출기술로 분리할 수 있다(그림 20-1).

3 용해도에 미치는 열의 효과

물속에 용해된 무기염류 농도가 클 때는 유기물질의 용해도가 달라진다. 순수한 물에는 에탄올이 완전히 섞이나 NaCl, K_2CO_3 및 기타 무기염들의 농도가 큰 수용액에는 소량만 녹는다. 아세톤, 피리딘, 메탄올 및 기타 수용성 유기화합물도

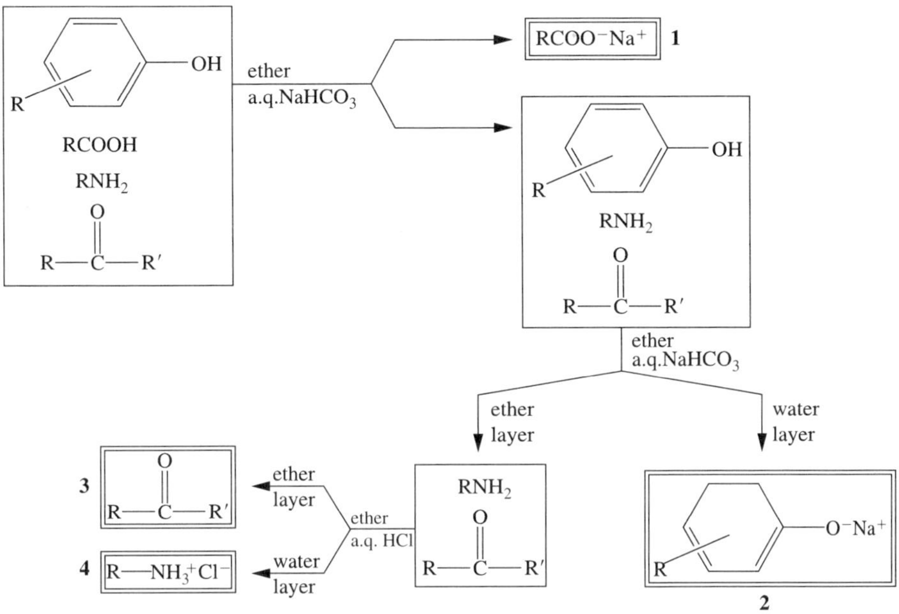

그림 20-1 추출로서 4가지 성분 혼합물 분리

마찬가지다. 이와 같은 현상은 보통 반경이 작고 농축된 전하를 띤 이온을 갖고 있는 염들에 의해 일어나며 염석효과(salting out effect)라 한다. 염 용액에서 용해도가 하는 반대효과는 염이 큰 반경과 분산된 전하를 띤 이온을 갖고 있을 때 일어나며 염용화과(salting in effect)라 한다.

예를 들면 벤젠은 순수한 물에서 보다 1 M 브롬화 테트라메틸암모늄(tetramethyl amminoum bromide) 수용액에서 약 40% 더 녹는다.

유기산의 금속염과 무기산을 갖는 유기염기의 염들처럼 이온화된 유기물질들의 용액인 경우에는 공통이온효과(common-ion effect)가 염의 용해도를 감소시키는 작용을 할 수도 있다. 그러므로 벤젠술폰산나트륨(sodium benzenesulfonate)은 물에 아주 잘 녹지만 염화나트륨을 첨가하므로써 수용액에서 침전된다. 염산아닐린은 물에는 쉽게 녹지만, 강한 염산용액에서는 아주 조금 녹는다.

4 연속추출(Continuous Exrtaction)

두 성분 중 한 성분은 추출용매에 아주 조금 녹고 다른 성분은 전혀 녹지 않을 때 연속추출장치를 사용하면 아주 작은 용매로 추출할 수 있다. 실험실에서 휘발성 용매를 이용하여 고체를 연속추출 할 수 있는 일반적인 고체-액체추출장치

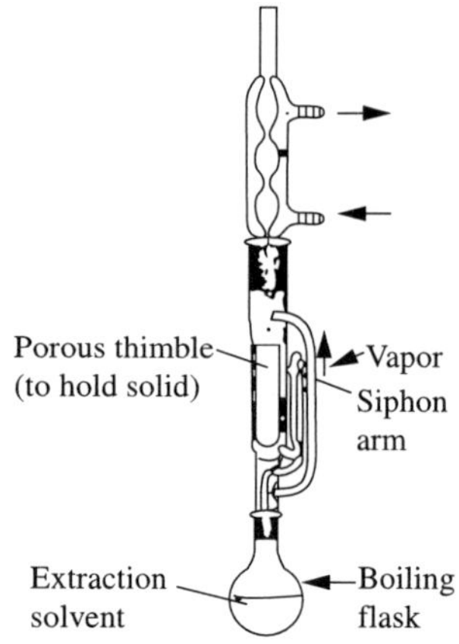

고체 혼합물에서 추출할 경우 사용된다.

그림 20-2 Soxhlet 추출장치

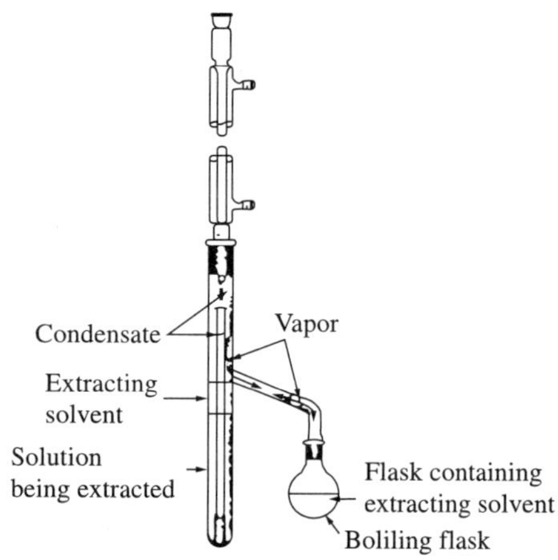

그림 20-3 물보다 가벼운 용매일 때의 연속추출장치

는 Soxhlet추출장치(그림 20-2)이다. 이 장치에서 고체는 다공성 골무 안에 넣고 추출용매는 가열되는 플라스크 속에 넣고 추출하면 성분은 아래쪽 가열플라스크 속에 용매와 같이 모인다.

연속적인 액체-액체추출의 경우 추출용매는 추출되는 용액과의 상대적인 밀도에 따라 위 또는 아래로 흐르도록 되어 있으며 추출되는 용액보다 추출용액의 밀도가 작으면 그림 20-3의 장치를, 추출되는 용액보다 추출용액의 밀도가 더 크면 그림 20-4의 장치를 이용한다.

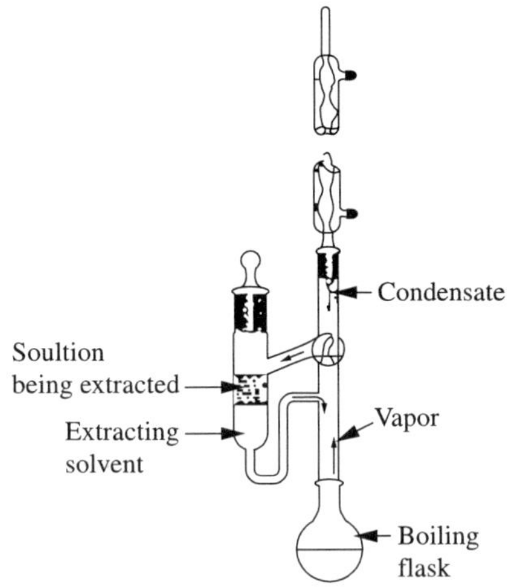

그림 20-4 물보다 무거운 용매일 때의 연속추출장치

5 분액깔때기 추출

간단히 실험실에서 할 수 있는 추출은 분액깔때기로 하며, 그림 20-5에서 보는 것과 같이 여러 형태가 있으나 구형에 가까운 형태가 층분리가 빨리 이루어진다.

추출용매는 깔때기 용기의 3/4 이상 채우지 말아야 하며, 깔때기 마개는 갈아 맞춤 유리 마개나 테플론 마개로 되어 있는 것이 좋다. 추출 시료가 약 5 mL 이상의 용액일 때는 그림 20-5의 (a)형태의 스큅형 깔때기로, 그림 20-6(a)와 같은 방법으로 적당히 흔들어주면서, 그림 20-6(b)와 같이 내압을 가끔 제거해주면서, 그림 20-7과 같이 정치시킨다.

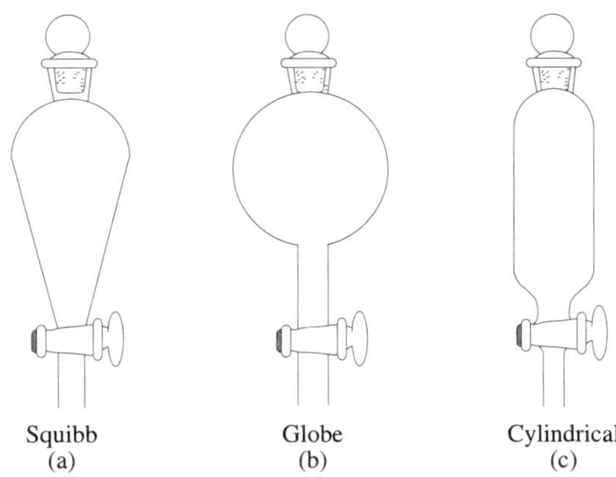

그림 20-5 분액깔때기

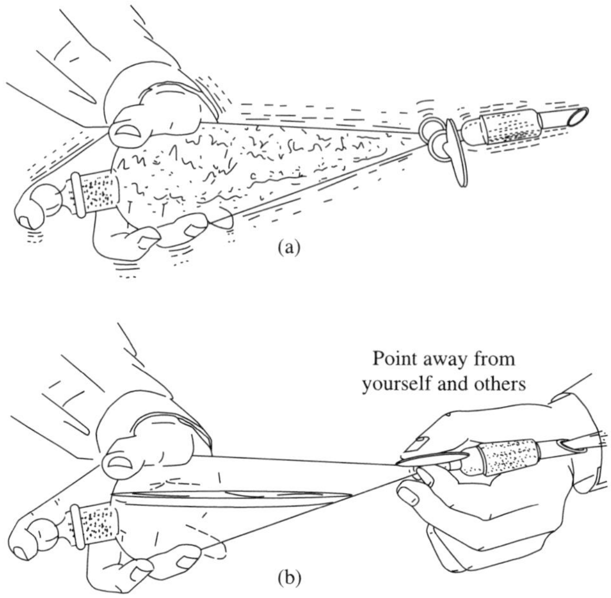

그림 20-6 분액깔때기 사용방법

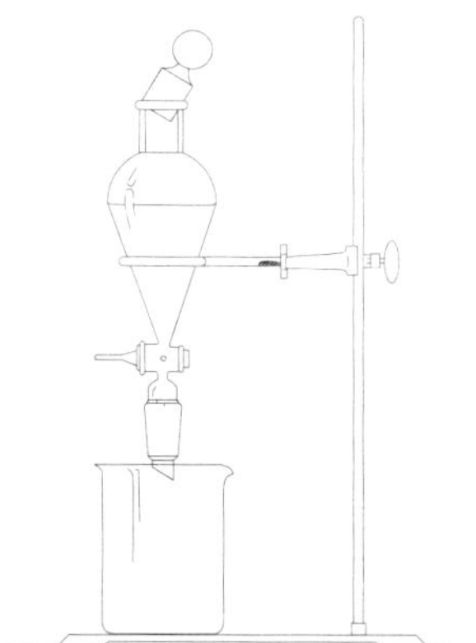

그림 20-7 링스탠드에 분액깔때기 세우는 방법

그 후 밀도가 큰 용매는 보통 깔때기 아래층에 모일 것이다. 그러나 용질의 농도에 따라 용매의 상대적 밀도가 달라질 수 있으므로 주의해야 한다. 따라서 유기층 확인이 필요할 때가 있는데 0.5 mL 정도의 물이 담긴 시험관에 깔때기 윗층의 용액을 몇 방울 떨어뜨려 보고 물과 섞이는지의 여부로 유기층을 판단한다.

추출과정에서는 두 용액 사이의 층분리가 잘 안 일어나는 즉 에멀젼(emulsion)이 생기는 경우가 있다. 이와 같은 에멀젼은 분리하는데 많은 시간이 걸리며 유기화학자들을 성가시게도 한다. 다음의 몇가지 방법으로 에멀젼을 제거할 수 있다. 첫 번째 방법은 용매중 하나가 물이라면 포화 염화나트륨 수용액을 가하므로써 에멀젼을 파괴시킬 수가 있다. 즉 수용액층의 이온세기를 증가시키므로 가능한 방법이다. 둘째 방법은 물에 녹는 세제를 소량 가하므로 에멀젼을 파괴시키는데 도움이 된다. 세제는 꽉 묶인 기름의 작은 방울들이 용해하는데 도움을 주나 특히 수용액층에 원하는 물질이 녹아 있을 경우는 피하는 것이 좋다. 그것은 세제도 불순물로 분리해야 하기 때문이다.

셋째로는 중력여과도 점성고무질 입자에 의해 일어난 에멀젼을 쉽게 파괴시킬 수 있다. 마지막으로 추출용매를 바꾸어 보는 방법이 있다. 실험자는 이전의 실험경험을 통해 에멀젼을 생성하는 경향이 있는 용액은 혼합시 온화하게 해야 하고 격렬하지 않게 흔들어 주어야 한다. 추출시에도 분액깔때기를 천천히 뒤집거나 혹은 격렬히 흔들어 주는 대신에 온건하게 소용돌이치게 해야 한다.

수용액과 함께 유기용매를 섞은 후 분리한 유기용매는 젖어(wet) 있을 것이다. 즉 얼마의 물을 포함하고 있다. 에테르 경우에는 그 질량의 1.5% 물을 잡고 있으나 용매에 따라 그 함량은 다르다. 유기층으로부터 물을 제거하기 위해서는 건조제(drying agent)를 사용하는데 이들은 무수물 무기염류들이다.

실험 방법 PROCESS

분액깔때기를 사용하는 경우

1 단일성분 추출

01. 25 mL 분액깔때기에 미리 윤활유 기름을 스톱코크나 연결부분에 발라 내용물이 새지 않게 점검한다.

02. 링스탠드에 분액깔때기를 고정시키고 에테르 45 mL 속에 9.0g의 butyric acid를 용해시킨다(에테르는 인화성이 크기 때문에 실험실에서 사용할 때 주위에 화기가 없어야 한다).

03. 물 45 mL를 깔때기에 가하고, 온화하게 빙빙 돌려준다. 만약 가스가 발생한다면 가스가 거의 발생하지 않을 때까지 분액깔때기를 온화하게 계속 돌려준다.

04. 그림 20-6처럼 분액깔때기를 한번 힘차게 흔들어 준 후 발생가스를 제거한다. 가스가 발생하지 않을 때까지 격렬히 흔들어주면서 가스를 제거하는 동작을 몇 번 행한 후 그림 20-7처럼 정치시킨다.

05. 두층이 분리된다. 50 mL 삼각플라스크에 아래쪽 물층을 모두 뽑아낸다. 이 때 정확하게 에테르와 물층을 분리해야 한다.

만일 위쪽 상이 벤젠이나 에테르 같은 비수용성이라면, 아래층을 뽑아내는 방법은 스톱코크와 비수용성 용액과의 접촉이 적으므로, 스톱코크 윤활유도 소량 용해되기 때문에 더 많이 이용되지만, 깔때기 위쪽 안에 윤활유 사용은 유의해야 한다.

06. 작은 눈금-실린더에 에테르 15 mL를 뽑는다.

07. 뽑아낸 물층의 냄새를 조심스럽게 맡아본다. 산이 존재하는가? pH 종이로 물층을 시험하여 확인할 수 있다. Butyric acid는 존재하는가? 증기중탕에서 에테르 추출물 15 mL를 증발시켜 보면 확인할 수 있다.

증발시킬 때에는 용기의 중량을 단 25 mL 플라스크 속에 비등석을 넣고서 증발시켜라. 단, 20 mL 이상의 에테르 사용시에는 후드 시설에서 행한다. 후드에서는 용량이 큰 휘발성 용매인 경우 사용할 수 가 없고 응축기를 단 증류장치를 ㄹ 이용하여 증발시킨다.

플라스크 속 잘류물의 질량은 얼마인가? 에테르 속에 남은 butyric acid량은 얼마인가?

08. 분액깔때기에 남은 에테르를 10% Na_2CO_3용액 45 mL로 에테르를 추출한다. 에테르층에 butyric acid의 냄새가 나는가? pH 종이로 에테르층을 조사한다. 에테르층을 조심스럽게 증류한다. 어떤 잔류물이 있는가? 두 번 추출

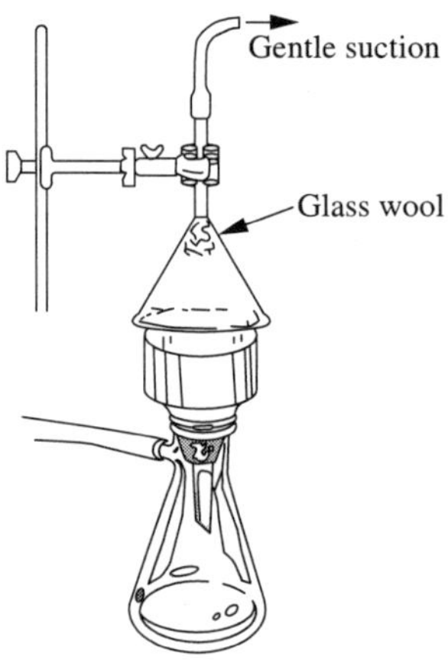

그림 20-8 여과시 깔때기에서 증발하는 용매의 제거

로 인한 결과를 어떻게 조화시킬 수 가 있는가?

2 혼합물 추출

01. Benzoic acid(A), p-bromoaniline(B) 및 naphthalene(C) 각각 1 g씩을 섞은 후 40 mL CH_2Cl_2에 녹인다.

02. 분액깔때기에 옮긴 후 3M NaOH 수용액 15 mL를 넣어 격렬히 흔들어 주면서 가끔 가스를 제거한다.

03. 링스탠드에서 정치시키면 위층(수용액층)과 아래층으로 분리되는데 각각 다른 삼각플라스크에 받는다.

04. CH_2Cl_2층(아래층)을 다시 분액깔때기에 넣고 한번 더 3 M NaOH 15 mL를 넣어 층 분리한 후 수액층은 같이 합한다(A로 표시).

05. CH_2Cl_2층을 분액깔때기에 넣고 15 mL의 3 M HCl로 2회 추출하여 모은 HCl 수용액층을 합하여 B로 표시한다.

06. 받아낸 CH_2Cl_2층을 플라스크에 담아 N라 표시한다.

07. 플라스크에 탈수제인 무수 Na_2SO_4나 무수 $MgSO_4$를 넣어 10분간 방치한 후 걸러준다.

08. 여과액을 부어 회전증발기로 용매를 제거한다.

09. 얻어진 나프탈렌을 진공펌프나 공기 중에서 말린다(전기오븐은 독한 나프탈렌 증기가 발생하므로 피한다).

10. 나프탈렌을 평량한다. m.p.를 측정하여 문헌치와 비교하거나, 또는 TLC로 분석하여 불순물이 없는지를 확인한다.

11. 플라스크에 6M HCl수용액 15 mL를 넣어 중화시킨다(리트머스 시험지로 확인).

12. 중화된 수용액에 20 mL의 CH_2Cl_2를 넣어 분액깔때기에 옮겨 격렬히 흔들어 준 후 마개를 열고 CH_2Cl_2층을 받아낸다.

13. CH_2Cl_2 20 mL를 다시 넣어 흔들어 준 후 유기층을 모은다.

14. 얻은 유기층을 탈수, 여과, 단순증류, 건조로 benzoic acid를 얻는다. m.p. 또는 TLC로 순도를 확인한다.

15. p-Bromoaniline은 B플라스크에 3M NaOH 30 m 정도를 넣어 중화시킨 후, CH_2Cl_2로 추출하고, 탈수, 여과 증류, 건조하여 얻을 수 있다. 순도를 확인한 후 각 성분에 대해 %회수율을 구한다.

※ 화합물들의 독성에 주의해야 하며, 여과할 때에 용매의 휘발에 유의해야 한다(그림 20-8 참조).

실험 21 추출

실험일자 :

실 험 자 : 학번 학과 조 이름

실험 _ 21

얇은막 크로마토그래피

배 경 BACKGROUND

TLC는 이동상이 액체이며 고정상이 고체인 얇은막 크로마토그래피의 일종이며, 액체에 혼합물을 녹여 이동시키면 silica gel이나 alumina 같은 고정상에 흡착(absorption)되는 정도가 각 성분마다 다르기 때문에 분리가 되는 미량물질 (10^{-9}g 정도)분석법이다.

이 방법은 전개시간이 짧고, 고온에서 전개가 용이하며 그리고 확인시약의 적용범위가 매우 넓은 특징이 있으며, 실험실에서는 컬럼 크로마토그래피의 예비실험으로 이용된다. 특히, 실리카겔로 만든 막표면은 실란올기를 가지고 있어서 극성화합물과 수소결합을 하게되어 아미노산, 당류 등 분리에 벅합하고, 알루미나의 표면에는 실란올기와 산소원자가 분포되어 있어서 약한 극성을 가진 화합물 분리에 적당하다. TCL에 흔히 사용되는 용매는 표 21-1과 같다.

표 21-1 크로마토그래피에 사용되는 용매들

Petroleum ether	
Cyclohexane	
Carbon tetrachloride	
Benzene	
Methylene Chloride	
Chloroform	Increasing polarity and solvent

(계속)

표 21-1 크로마토그래피에 사용되는 용매들(계속)

Diethyl ether Ethyl acetate pyridine Acetone Ethanol Methanol Water Acetic acid	power toward polar funtional groups

크로마토그램상의 spot는 첫째 자외선(UV light 245nm)으로 비추어 형광물질의 위치를 찾는 방법, 둘째, 발색제를 TCL판 위에 뿌려서 확인하는 방법, 셋째, 황산/과망간산칼륨 용액으로 유기물을 탈수시켜 확인할 수 있는 방법, 넷째, 요오드 증기가 포화되어 있는 유리기구 속에서 유기물질이 요오드를 흡착하여 착물을 만들므로써 위치를 확인할 수가 있다.

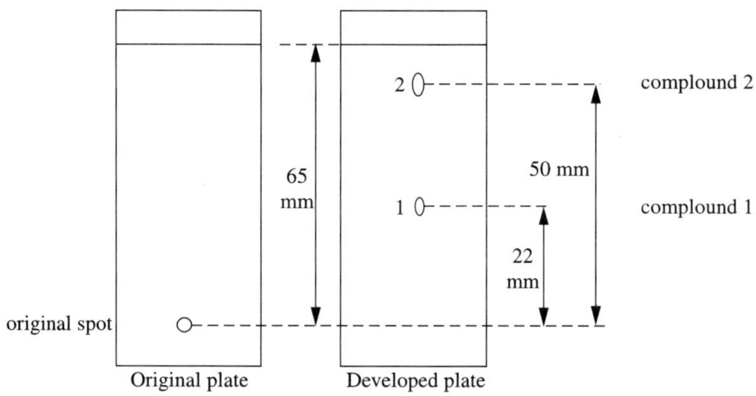

R_f (copound 1) $= \frac{22}{65} = 0.34$ R_f (copound 2) $= \frac{55}{65} = 0.77$

그림 21-1 TLC 크로마토그램상 R_f치 결정

spot의 위치로부터 R_f치를 계산하는 방법은 그림 21-1에서 볼 수 있으며, R_f에 대한 정의는 다음과 같다.

$$R_f = \frac{\text{원점으로부터 이동한 어떤 물질의 거리(b)}}{\text{원점으로부터 이동한 용매의 거리(a)}}$$

■1 TLC에 의한 유기화합물의 분리

(A) TLC판의 제조

01. 현미경 슬라이드(7.6 × 2.4 cm)를 비눗물과 아세톤으로 깨끗이 씻어 여과지 위에서 말린다.

02. Silica gel G(Merck TLC용) 35 g을 CH_2Cl_2 100 mL에 풀어 잘저어 준 후 두 개의 슬라이드를 포개어 Silica gel 현탁액 속에 담근다. 빼낸 뒤 조심스럽게 분리한 후 건조시킨다(그림 21-2).

이때 주의할 점은 Silica gel가루를 흡입 하지 않도록 해야 하며 용매의 휘발성 및 발암성에 유 의해야 한다.

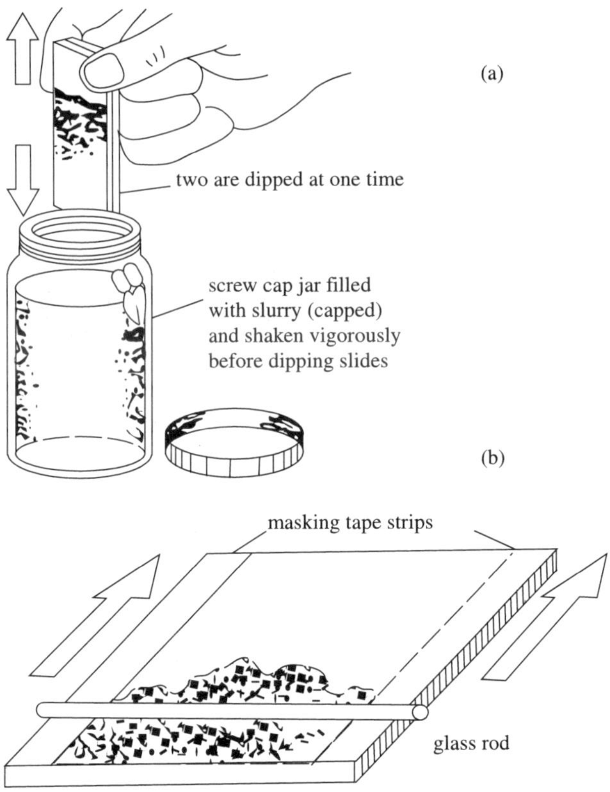

그림 21-2 TCL판 제조

03. 만든 TLC판은 110°C의 오븐에서 몇 시간 말리면 Silica gel에 흡수되어 있던 습기가 제거되고 또 표면이 활성화되어 흡착분리가 더 잘된다.

(B) Nitroaniline 이성질체들의 분리

01. 시료들 p-Nitroaniline, o-Nitroaniline, m-Nitroaniline, 2,4-Dinitroaniline 또는 2,6-Dinitroaniline중 2개를 택해 0.5 mL 메탄올에 5 mg씩을 취해 각각 녹인 것과 두 물질의 혼합액을 준비한다.

02. 전개조에 $CHCl_3$를 0.5 cm가량 채운 뒤 마개로 막는다.

03. 제조된 TLC판 하단 1 cm 부근의 거리에 연필로 평행선을 표시하고 모세관으로 시료를 1~2회 점적하여 반점 직경이 1~2 mm 미만으로 한다(그림 21-3).

04. 용매를 건조시킨 후 전개조에 넣어 전개시키다(그림 21-4).

05. 용매가 판의 상단부에 이르면 꺼내어 용매의 이동거리를 표시한 뒤 말리고 시료 반점을 확인한다.

06. 반점은 육안 UV lamp, I_2로 확인한다.

07. R_f값을 계산한다.

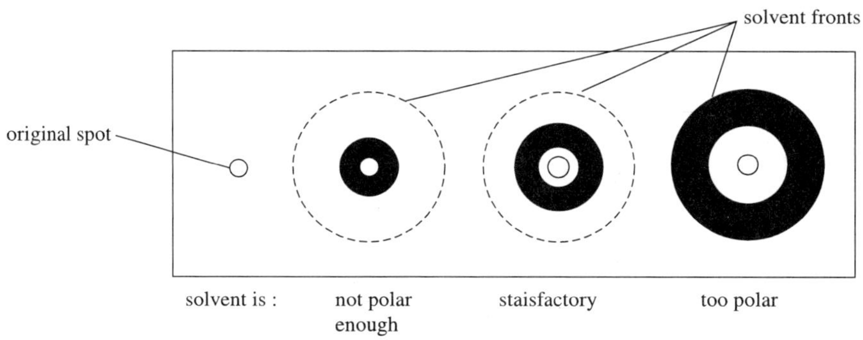

그림 21-3 TLC 용매 선택

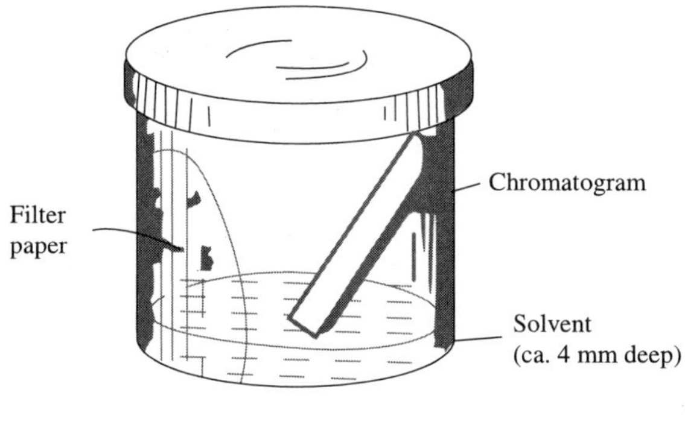

그림 21-4 TCL 전개조

(C) Naphthalene과 Benzoic acid의 분리

01. Merck사의 형광물리이 포함된 0.25 mm 두께의 Silica gel 60F 254제품(국내대리점: 국제화학상사)을 일정크기로 잘라 쓴다(6 cm × 2 cm).

02. 시약 Benzoic acid와 Naphthalene 약 0.1 g을 vial에 각각 넣고 또 다른 vail에는 혼합물을 준비한 후 CH_2Cl_2 5 mL에 넣어 녹인다.

03. TLC 하단부 1 cm 정도에 연필로 표시한 후 시료를 1~2회 모세관으로 찍어 2 mm 정도의 직경이 되도록 하고 시료 3개는 0.5 cm 간격으로 배열한다.

04. 석유에테르, CH_2Cl_2, ethyl acetate 그리고 혼합용매(Hexane: ethyl acetate = 2 : 1(v/v))에서 분리 정도를 고찰한다.

05. 각 spot 위치는 UV lamp(254 nm)나 발색제($KMnO_4/H_2SO_4$ 등)로 확인할 수가 있다.

06. R_f치를 구한다.

실험 21 얇은막 크로마토그래피

실험일자 :

실 험 자 : 학번 학과 조 이름

실험_22

관 크로마토그래피

배 경 BACKGROUND

고체-액체 흡착크로마토그래피인 관 크로마토그래피는 흡착과 용해도에 기초를 두고 있으며, 액체상과 고체상 사이에서의 물질의 다른 분배로 분리가 된다. 정지상은 관안에 충진된 대단히 작은 고체 입자들로 만들어져 있고 이동상은 관을 통해 스며들어 고체입자들의 표면과 통하는 액체이다. 만들어져 있고 이동상은 관을 통해 스며들어, 수소결합 그리고 van der waals힘의 결과로 인해 성질이 다른 분자들의 얇은 층 흡착한다. 관 크로마토그래피 기구는 그림 21-1에서 볼 수 있다.

관 속에 충진된 물질은 알루미나($Al_2O_3 \cdot XH_2O$)와 실리카겔($SiO_2 \cdot XH_2O$) 같은 활성화된 고체이며, 전개용매를 계속 부어주므로 고체상의 선택적인 흡착력에 의해 각성분들은 다른 속도로 관속을 내려간다. 알루미나와 유기화합물과의 가증한 인력을 그림 22-2에서 볼 수 있으며, 구체적인 불리방법을 그림 22-3에 나타내었으며 그림 22-4는 올바른 분리법을 나타낸 것이다.

분리된 성분들이 과 아래쪽으로 용리될 수 있도록 용매를 연속적으로 관에 통과시켜 주어야 한다. 이를 통과한 용매를 각각 다른 용기에 일정량 받아 모은다. 색이 있는 경우는 직접 관찰할 수 있으므로 분리가 용이하나 대부분 유기화합물은 색이 없으므로 자외선을 쬐어주어 나타나는 형광으로 띠를 관찰할 수가 있다. 각각 받은 용리액의 용매를 증발시킨 후 표준물질과 비교하여 확인한다.

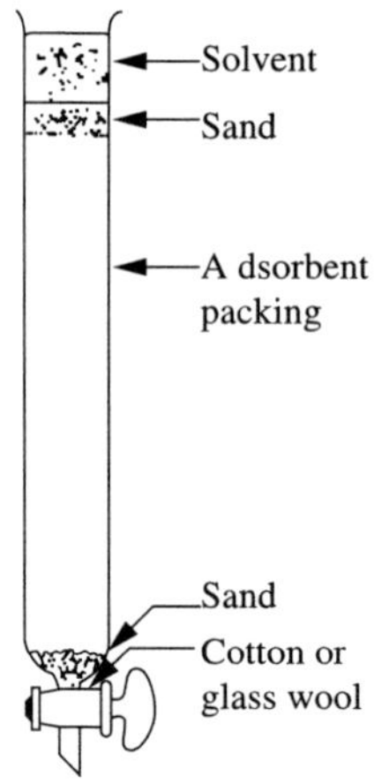

그림 22-1 크로마토그래피 관

알루미나는 일반적으로 사용되는 흡착제중 하나인데 중성, 염기성 그리고 산으로 처리한 3가지 형태가 있으며, 산과 염기에 분리능력이 좋은 것은 염기성과 산성 알루미나이며, 산성 염기성의 조건에서 민감한 화합물에 대하여는 중성 알루미나가 사용된다.

관 크로마토그래피에 사용되는 흡착제를 표 22-1에서 나타내었다.

분리효과를 높이기 위해서 고체 흡착제는 일정한 입자의 크기와 입자내에서 두 상사이에 용질의 평형을 촉진시키는 성질인 활성자리가 많은 것이어야 한다. 또 흡착정도는 흡착되는 물질에 위해서도 좌우된다. 즉 화합물의 흡착력이 화합물이 갖고 있는 작용기에 따라 영향이 있다.

$$\mathrm{Cl^-, Br^-, I^-,} < \mathrm{C = C} < \mathrm{-OCH_3} < \mathrm{-CO_2R} < \mathrm{C{=}O}$$
$$< \mathrm{-CHO} < \mathrm{-SH} < \mathrm{-NH_2} < \mathrm{-OH} < \mathrm{-CO_2H}$$

표 22-2는 화합물에 대한 용출경향을 보여주며 표 22-3은 크로마토그래피용 전개용매의 용출력을 볼 수 있다.

1 염료혼합물의 분리

01. 직경 10 mm인 30 cm 길이의 관에 유리솜을 넣고 그림 22-1과 같이 장치한다.

02. 유리솜 위에 거친모래를 5 mm층이 되게 가한다.

03. 100 mL 비이커 안에 뜨거운 물 10 mL에 산화알루미늄(Fisher Certified Alumminium Oxide, A-591)을 6 g 넣어 잘 저어 준 후 관에 채운다. 이때 관에 흔들림이 있어서는 안된다.

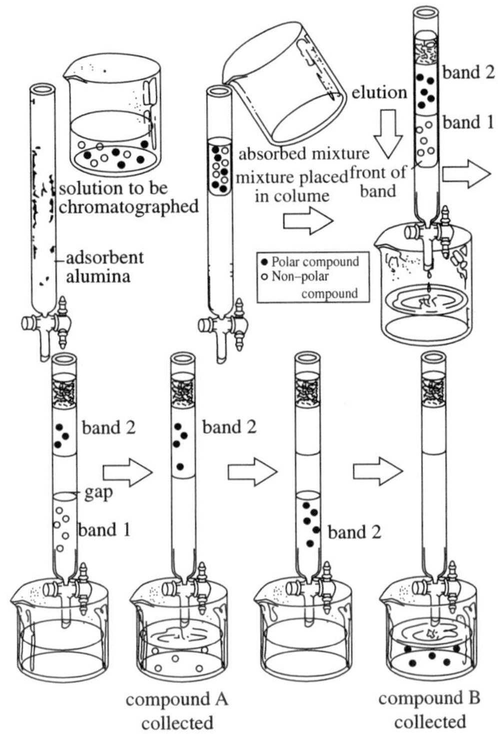

그림 22-2 관 크로마토그래피에 의한 화합물 분리

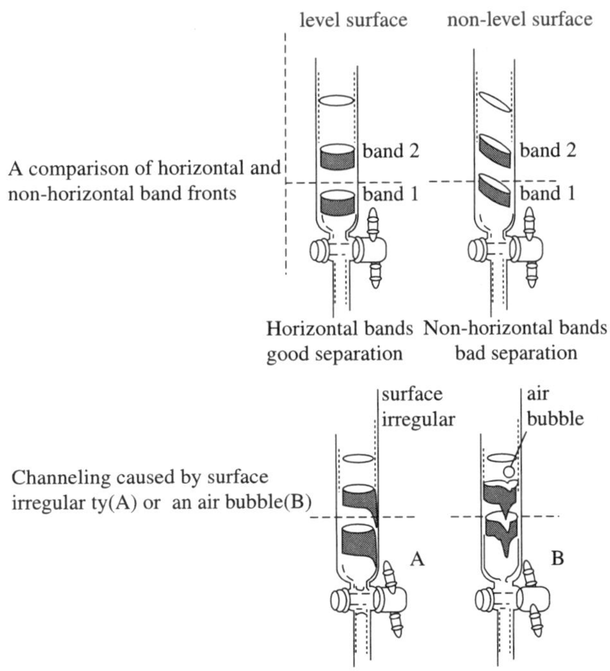

그림 22-3 관 크로마토그래피의 올바른 분리법

04. 모래와 유리섬유를 빠져나온 물은 모아서 비이커를 씻어 넣는데 사용한다.

05. 충진물이 가라앉은 후 그 위에 5 mm의 모래층을 만든다.

06. 물의 마지막 방울이 관에 스며들었을 때 관 꼭대기에 염료 4방울을 가한다. 벽에 염료가 달라 붙은 것은 몇 방울의 물에 가해 씻는다. 물이 다 스며든 후

표 22-1 관 크로마토그래피용 고체 흡착제

Paper	
Cellulose	
Starch	
Sugars	
Magnesium silicate	ncreasing strength of binding
Calcium sulfate	I interactions toward polar
Silicic acid	compound
Silica gel	
Florisil	
Magnesium oxide	
Aluminium Oxide(Alumina)*	
Activated charcoal(Norit)	

* Basic, acid-washed, neutral.

표 22-2 크로마토그래피에 사용되는 용매들

Petroleum ether	
Cyclohexane	
Carbon tetrachloride	
Benzene	
Chloroform	
Methylene Chloride	Increasing polarity and "solvent
Diethyl ether	power" toward polar funtional
Ethyl acetate	groups
Acetone	
Pyridine	
Ethanol	
Methanol	
Water	
Acetic acid	

* Suspect carcinogens.

물로 관을 채워 용리시킨다.

표 22-3 유기화합물들의 용출력

극성(polarity)의 증가순*	
Alumina adsorbent	**Silica adsorbent**
Fluoroalkane	Cyclohexane
Pentane	Heptane
Isooctane	Pentane
Petroleumether(light)	Carbontetrachloride
Hexane	CS_2
Cyclohexane	Chlorobenzene
Cyclopentane	Ethylbenzene
Carbontetrachloride	Toluene
Carbon disulfide	Benzene
Xylene	2-Chloropropane
Diisopropyl ether	Chloroform
Toluene	Nitrobenezene
1-Chloropropane	Diisopropylether
Chlorobenzene	Diethylether
Benzene	Ethylacetate
Ethyl bromide	2-Bytanol
Diethyl ether	Ethanol
Diethyl sulfide	Water
Chloroform	Acetone
Methylene chloride	Acetic acid
Tetrahydrofuran	Methanol
1,2-Dichloroethane	Pyruvic acid
Ethylmethyl ketone	
1-Nitropropane(Acetone)	
1,4-Dioxane	
Ethyl acetate	
Methyl acetate	
1-Pentanol	
Dimethyl sulfoxide	
Aniline	
Diethylamine	
Nitromethane	
Acetonitrile	
Pyridine	

(계속)

표 22-3 유기화합물들의 용출력

Butyl cellosolve 2-Propanol 1-Propanol Ethanol Methanol Ethylene glycol Acetic acid	

*크로마토그래피에 있어서 용출능력은 용출(elute)시키고자 하는 화합물과 흡착제(adsorbent)의 상호작용에 의존한다. 따라서 위 순서에 맞지 않는 경우도 얼마든지 있을 수 있다. 그러나 대체로 위와 같은 순서를 따르는 것이 일반적이다. 따라서 용매의 극성이 증가할수록 극성화합물을 더 쉽게 용출시킨다.

실험 23 관 크로마토그래피

실험일자 :

실 험 자 : 학번 학과 조 이름

실험_23

EDTA 적정과 물의 세기

배 경 BACKGROUND

물의 세기(hardness)는 수용액에서 비누에 있는 나트륨(Na^+)과 칼륨(K^+)이온과 치환하여 불용성 화합물을 생성하는 금속 양이온의 전체농도로 정의 한다. 자연수에는 일반적으로 Ca(II)와 Mg(II)이온 이외에 물에 녹아 있는 여러 2가 및 3가의 금속이온들이 물의 세기에 영향을 주게 되나, 가장 중요하게 취급되는 금속이온은 Ca(II)와 Mg(II)이다.

물의 세기는 시료 물에 함유된 여러 양이온의 전체 농도와 같은 당량(equivalent)의 $CaCO_3$(Mwt; 100.09)로 나타낸다. 물 100 mL 중 $CaCO_3$로 환산하여 1 mg이 있을 때 1°라 한다. 물의 세기 기준은 물에 녹아있는 칼슘과 마그네슘의 총 함량이 10ppm 이상이면 센물(hard water)이라 하고, 10ppm 이하이면 단물(soft water)라 한다.

물의 세기 측정은 수용액에서 EDTA(ethylenediamine tetraacetic acid)와 녹아있는 Ca(II)와 Mg(II)이온 사이에 킬레이트(chelate)반응을 통하여 착화합물을 생성하는 원리를 이용한다.

EDTA는 다음과 같은 화학구조를 가진 여섯자리 리간드로 모든 금속이온과 반응하여 1 : 1의 안정한 킬레이트 착화합물(complex)을 생성하는 특징을 나타낸다.

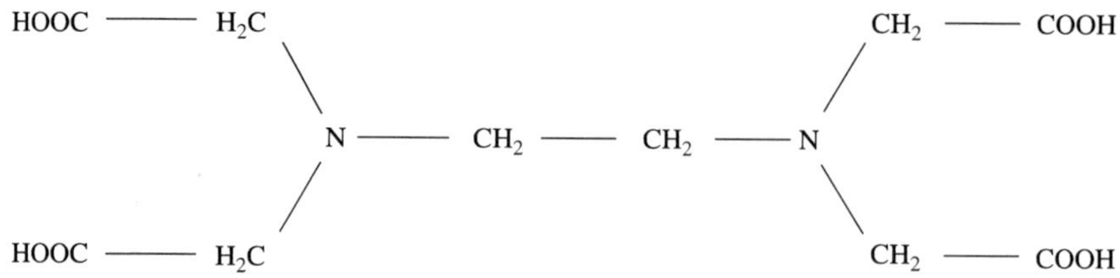

EDTA 구조식

착화법 적정에서 많이 이용되는 EBT(Eriochrome Black T) 지시약은 여러 금속이온들과 킬레이트 착화합물을 생성하지만, EBT-금속착화합물은 EDTA-금속착화합물 보다 훨 씬 작은 착화합물의 생성상수 (K_f)값을 가지기 때문에 지시약으로 이용되고 있다. 적정에서 당량점이 될 때까지 EBT 지시약은 과량의 금속이온과 착화합물을 생성하여 붉은색을 나타내다가 EDTA가 조금 과량 존재하는 당량점 이후에는 EBT-금속 착화합물에서 금속이온이 해리되어 EBT 지시약만의 푸른색이 나타나게 된다.

참고:

착화법 적정: 착화합물 생성을 이용하는 적정방법

킬레이트 착화합물: 금속이온이 한 리간드 중의 두 개 또는 그 이상의 주개 작용기와 결합할 때 생성되는 헤테로고리 착화합물을 말한다.

목 적 PURPOSE

EDTA(ethylenediamine tetraacetic acid) 표준용액을 이용하여 물 시료에 녹아있는 Ca(II)와 Mg(II)이온을 착화법 적정을 이용하여 물의 세기를 측정하는데 목적이 있다.

재료 및 기구 REAGENT & APPARATUS

기구	비이커(250 mL), 뷰렛(50 mL). 자석교반기
재료	EDTA(H_4Y)는 소듐염의 이수화물인 $Na_2H_2Y \cdot 2H_2O$(Mw: 372.25), EBT 지시약, NH_4OH, NH_4Cl, $MgCl_2 \cdot 6H_2O$(Mw: 203.34), MX(Murexide) 지시약

참고:

지시약: EBT 0.5 g와 $NH_4OH \cdot HCl$을 메틸알콜 100 mL에 녹여 만든다.

pH 10 완충용액: NH_4Cl 67.5 g을 28% NH_4OH 570 mL에 녹이고 증류수를 넣어 1 L가 되도록 만든다.

안전주의사항 SAFETY & HINT

- 기구 사용법을 숙지하시오.
- 보안경을 착용하고 실험실 안전 수칙을 따르시오.
- 화합물 시료를 조심해서 다루시오.

실험 방법 PROCESS

실험 (가). 물의 세기 측정(직접적정 법)

01. 물의 세기를 측정할 물 시료(지하수, 샘물, 강물 및 수돗물 등) 100 mL를 250 mL 비이커에 취한다.

02. 시료 비이커에 pH 10의 NH_4Cl-NH_4OH 완충용액 3 mL와 EBT 지시약 3방울을 넣는다.

03. 0.01 M EDTA 표준용액으로 붉은색이 푸른색으로 변할 때까지 적정한다.

04. 계산: 0.01M EDTA 1 mL = $CaCO_3$ 1.000.9 mg에 해당

경도 ppm= 10(0.01 M EDTA 소모 mL 수)

실험 (나). 물의 세기 측정(역적정 법)

01. 물의 세기를 측정할 물 시료(지하수, 샘물, 강물 및 수돗물 등) 100 mL를 250 mL 비이커에 취한다.

02. 시료 비이커에 0.01 M EDTA 표준용액 20 mL를 넣고, pH 10의 NH_4Cl-NH_4OH 완충용액 3 mL와 EBT 지시약 3방울을 넣으면 푸른색이 된다.

03. 0.01M $MgCl_2$ 용액으로 푸른색이 적색이 될 때까지 적정한다.

04. 계산: 경도 ppm = 10 × (0.01 M EDTA 20 mL − 0.01 M $MgCl_2$ 용액 소모 mL 수)

참고: 실험방법 1과 2의 물의 세기 측정에서는 Ca(II)와 Mg(II)이온 함께 측정된다. 따라서 물의 전체세기 또는 총 경도라 한다.

실험 (다). 칼슘의 세기 측정

01. 물의 세기를 측정할 물 시료(지하수, 샘물, 강물 및 수돗물 등)를 250 mL 비

이커에 100 mL를 취한다.

02. 시료 비이커에 8 M NaOH 4 mL와 MX 지시약 0.1 g을 넣는다.

03. 0.01 M EDTA 표준용액으로 붉은색이 푸른색으로 변할 때까지 적정한다.

참고: Ca(II) 이온의 세기를 측정할 때 8 M NaOH를 가하는 이유는 pH 12~13 정도의 강염기성에서 Mg^{2+}이 $MgOH^{+}$ 또는 $Mg(OH)_2$의 회색 침전을 생성하기 때문에 Ca(II)만을 정량할 수 있기 때문이다. Mg(II)의 농도는 시료의 전체 세기 측정값에서 Ca(II) 세기의 측정값을 뺀 값에 해당한다.

참고: 여러 나라의 물의 세기 기준

독일: 물 100 mL 중 CaO 1 mg

프랑스: 물 100 mL 중 $CaCO_3$ 1 mg

미국: 물 1000 mL 중 $CaCO_3$ 1 mg(1ppm)

1 기구준비

01. 그림(적정그림)처럼 적정장치를 준비한다.

02. 자석 교반기를 준비한다.

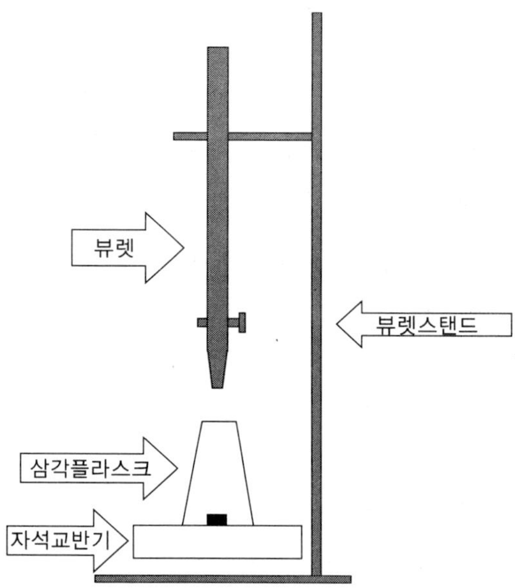

그림 23-1 적정장치

2 데이터 기록

실험 (가). 물의 세기 측정(직접적정 법)

0.01M EDTA 표준용액 만드는 방법:

적정에 사용된 EDTA mL 수:

경도 ppm:

실험 (나). 물의 세기 측정(역적정 법)

0.01M $MgCl_2$ 표준용액 만드는 방법:

적정에 사용된 EDTA mL 수:

경도 ppm:

실험 (다). 칼슘의 세기 측정

적정에 사용된 EDTA mL 수:

경도 ppm:

질문 QUESTION

1. 소듐염의 이수화물인 $Na_2H_2Y \cdot 2H_2O$를 사용하여 EDTA 표준용액을 만들 때 주의할 점(시약의 순도 및 취급방법 등)에 대하여 설명하시오.
2. EBT(Eriochrome Black T) 지시약을 만들 때 $NH_4OH \cdot HCl$을 넣어 주는 이유는 무엇인가?
3. EDTA 용액의 보관은 플라스틱제 용기를 사용한다. 그 이유를 설명하라.
4. NH_4Cl-NH_4OH 완충용액의 특성은 무엇인가?

실험 23 EDTA 적정과 물의 세기

실험일자 :

실 험 자 : 학번 학과 조 이름

실험_24

아스피린 합성

배 경 BACKGROUND

아스피린은 세계적으로 가장 많이 팔리는 진통, 해열제 중의 하나이다. 이 실험은 유기산과 알코올이 반응하여 에스테르가 되는 과정을 통하여 아스피린을 합성한다.

일반적으로 쉽게 합성할 수 있는 아스피린은 카르복실기와 에스테르기를 포함하는 구조를 갖는 유기화합물이다.

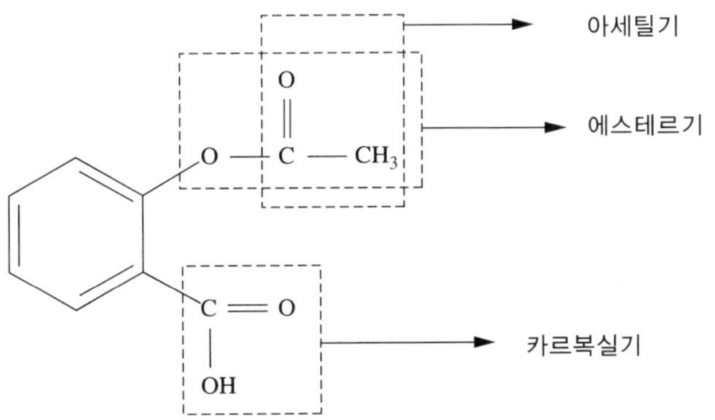

다음과 같이 유기산과 알코올이 반응하여 에스테르가 생성되는 에스테르화 반응을 이용하여 쉽게 아스피린을 합성 할 수 있다.

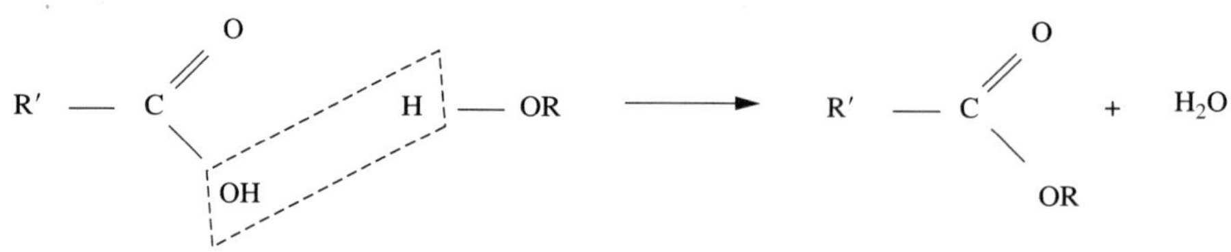

산 알코올 에스테르

이번 실험에서는 촉매제로 소량의 인산을 사용하여 아세트산 무수물과 살리실산을 반응시켜 아스피린을 합성하고자 한다.

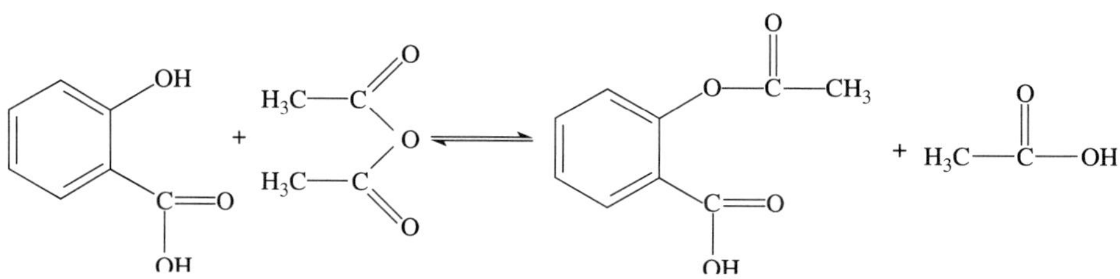

살리실산 아세트산무수물 아스피린 아세트산

살리실산의 OH부분과 아세트산 무수물이 반응하면 아세트산 한 분자가 만들어지며, 에스테르화합물인 아스피린이 한 분자가 만들어진다. 아스피린의 녹는점은 135°C로써, 재결정을 통하여 정제 할 수 있다.

재료 및 기구 REAGENT & APPARATUS

기구	물중탕, 전기히터, 저울, 삼각플라스크(100 mL), 비이커, 유리막대, 스탠드, 클램프, 눈금실린더, 감압거름장치, 뷰흐너깔대기, 감압플라스크, 온도계(0~150°C), 거름종이,
시약	아세트산 무수물, 살리실산, 85%인산, 얼음

실험 방법 PROCESS

1. 살리실산 1.5 g을 100 mL 삼각플라스크에 넣고 여기에 아세트산 무수물 2 mL를 흘러내림으로써 용기 벽에 묻어 있는 살리실산을 모두 씻어낸다.

2. 삼각플라스크를 그린과 같이 물중탕 장치를 한다.
3. 촉매로 인산을 2~3방울 가한 후 온도를 70~80℃로 유지하면서 10분간 가열한 후, 증류수 2 mL를 가하여 여분의 아세트산 무수물을 분해시킨다.
4. 아세트산의 증기가 발생하는지를 관찰하고, 더 이상 발생되지 않으면 물중탕에서 꺼내어 증류수 20 mL를 가한 후 실온까지 냉각시킨다.
5. 아스피린 결정이 생성되지 않으면 플라스크를 얼음물에 담가 둔다.
6. 생성된 결정을 흡입 여과기로 걸러낸 후 5 mL의 얼음물로 씻는다.
7. 생성물을 말린 후 무게를 달아 수득률을 계산한다.

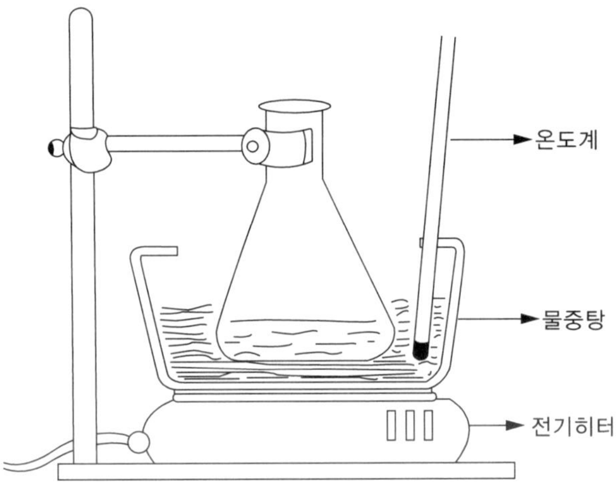

그림 24-1

실험 24 아스피린 합성

실험일자 :

실 험 자 : 학번 학과 조 이름

실험_25

화장품의 제조

배 경 BACKGROUND

화장품은 본래 햇빛이나 온도변화 및 해충으로부터 피부를 보호하려고 기름과 흙 또는 식물을 섞어 몸에 칠하였다. 현대의 화장품은 의약품처럼 치료목적으로 사용하지 않고 위생적으로 깨끗하게 화장하는 목적이 있다. 화장품은 오랫동안 매일같이 사용하므로 안정하고 부작용이 없고 피부의 호흡을 방해하지 않도록 너무 두껍게 바르지 않아야 한다.

화장품은 지정된 유효성분을 표시하고 함량을 정확하게 표시하여야 한다. 화장품의 성분은 표 25-1처럼 용도에 따라 여러 가지 종류들이 있다. 화장품 성분은 피부막의 삼투압 때문에 침투할 수 있고, 비슷한것은 비슷한것을 녹인다(like dissolves like)의 용해원리에 따라 녹아 침투할 수 있으므로 적어도 표 25-2처럼 비슷하여야 부작용이 없을 것이고 성분이 다르면 부작용이 있을 것이다. 그러므로 어떤 화장품은 부작용이 생긴다. 어떤 화장품의 pH 값은 생리 pH와 다른 것이 있고 어떤 화장품은 피부성분과 전혀 다른 것들이 있다. 예를 들어 retinal성분이 화장품에 함유되어 있어 주름살을 제거한다고 과대 광고하지만, 그 성분은 피부에 흡수되어 인체조직을 다시 구성하지 못한다. 화장품은 피부의 습도를 유지하는 역할만으로 충분하다. 살균력 때문에 화장품에 수은을 넣거나 산성이나 염기성 물질을 넣는 것도 상식에서 벗어난 것이고, 그것은 의약품에 속하는 것이다. 향기를 내려고 인공향료를 넣거나 색을 띠게 만들려고 지시약 색소를 넣고 산이나 염기로 색을 띠게 만드는 것은 오히려 피부를 보다 빠르게 노화하게 만드는 화학반응을 촉진할 뿐이다.

햇빛은 290~400 nm의 자외선 부분이 6%, 400~760 nm 부분의 가시선 부분이 51%, 760 nm 이상의 적외선 부분이 42%를 차지한다. 광선의 침투세기는 파장이 짧을수록 약하고(자외선은 깊게 침투하지 못한다) 길수록 깊이 침투한다. 그러나 피부표면에서 화학변화를 일으키는 에너지는 자외선이 훨씬 더 크다. 햇

표 25-1 화장품의 종류

	분류	사용목적	주요한 제품
피부용	기초화장품	씻기 정리 보호	face cream, foamulas skin conditioner, pack, massage cream milk lotion, moisture cream
	make-up 화장품	base-make, point-make 손톱	foundation, 백색분 lip-stick, eye-shadow, sun-oil nail-enamel
	body 화장품	목욕 sun-care, suntan 땀, 냄새 탈모, 탈색	비누, 액체 비누 sun-cream, sun-oil deordonant-spray 탈색, 탈모 cream
	무발용 화장품	씻기 treatment 머리정리 permanent wave 염색, 탈색	shampoo rinse, hair treatment hair-make pomade permanent wave lotion hair-bleach, hair-color, color-rinse
	향수 화장품	향기	향수

표 25-2 피부의 지질성분

지질	범위(wt%)
trighyceride fatty acid wax ester cholesterol ester 2.3~4.3 10.1~13.9 1.2~2.3	diglyceride squarane cholesterol 19.5~49.4 7.9~39.0 22.6~29.5 1.5~2.6

(D.T Dawning, J.S. Straus, P.E. Pochi, J. Invest. Dermal. 53:232, 1969)

빛 차단제로 benzophenon이나 p-aminobenzoic acid(PAAH)를 사용하지만 실제로 피부에 닿는 햇빛을 모두 차단하려면 적어도 0.5cm 이상 두께로 얼굴에 발라야 한다. 그리고 PABA는 햇빛에 분해되어 DNA의 guanine 염기서열을 변하게 만드는 위험성이 있다. 그러므로 햇빛 차단 화장품은 거의 효력이 없다.

화장품은 일반적으로 10가지 이상의 화합물을 섞어 만든다. 그 중에서 보습제로 효과적이고 가장 많이 사용하는 것이 글리세린, sorbital, polypropylene glycol, poly ethyleneglycol 등이고, 이 화합물은 OH 원자단을 가지므로 친수성이다. 고체분말은 운모[$KAl_2(Si_3Al)O_{10}(OH)_2$], 탈크[$Mg_3SiO_{10}(OH)_2$], 카오린[$Al_2Si_2O_5(OH)_5$], 이산화티타탄($TiO_2$), 산화아연(ZnO), 산화철($Fe_2O_3$)를 사용하고 얼굴에 땀이나 기름이 많으면 분가루에 규조토 분말을 흡수제로 혼합하여 사용하다. 화장품을 만들 때 혼합, 용해, 분산, 보습, 에멀젼 때문에 계면활성제를 항상 함께 사용한다.

향료는 화장품에 0.1~2% 함유되어 있다. 향료는 빠르게 휘발되는 것을 방지하려고 보존제로 글리세린을 함께 사용한다.

실험 방법 PROCESS

1 메니큐어 제거용매 제조법

아세톤 66%, 에틸아세테이트 20%, 물 14% 되게 섞은 다음 병에 보관한다. 필요하면 향료를 섞는다.

2 스킨로션 제조법

증류수	80.5%	혹은	글리세린	10%
propyleneglycol (혹은 글리세린)	3.0%		에틸알코올	10%
			물	80%
polysorbate(tween) (계면 활성제)	1.6%			
ethanol	15%			

propyleneglycol, 물, tween 2O을 비이커에 넣고 섞은 다음 ethanol을 소량씩 섞으면서 가한다. 이때 용액이 투명하지 않으면 tween 2O을 더 넣는다. 필요하면 향료를 넣는다.

3 밀크로션 제조법

01.

물	81.1
propyleneglycol	3.0
glycerine	3.0
triethanolamine	0.10

02.

polysorbate 80(tween 80) (계면 활성제)	1.20
sorbitan monostrarate (arlacel 60)	0.50
cetal	0.90
stearic acid	0.90
paraffin wax	1.0
mineral oil (saturated hydrocarbons)	8.0

03. 1)과 2)를 각각 약 80 로 가열하고 1)에 2)를 서서히 가하면서 혼합한 다음 식혀 향을 가한다.

4 크림 제조 방법

01.

물	76.9%
propyleneglycol	3.0
glycerine	5.0
triethanolamine	0.1

02.

polysorbate 80(tween 80)	12
sorbitan monostrarate (arlacel 60)	0.5
cetal	1.5
stearic acid	1.5
vaseline(paraffin wax)	2.0
mineral oil (saturated hydrocarbons)	8.0

03. 1)과 2)를 각각 약 80 로 가열한 다음 1)에 2)를 서서히 가하면서 혼합한다. 서서히 식힌 다음 향을 가하고 섞는다.

실험 25 화장품의 제조

실험일자 :

실 험 자 : 학번 학과 조 이름

실험_26

전이금속 착물의 합성과 성질

배 경 BACKGROUND

전이금속과 전이금속 착물의 이용분야는 매우 다양하다. 전이금속은 주기율표의 d-구역 원소로서, d-궤도에 있는 전자 수에 따라 여러 산화상태로 존재할 수 있다. 특히 양이온 상태의 전이금속(+2, +3 가 등)은 Lewis 산(전자쌍을 받음)으로 작용하는 경향이 매우 강하다. 실제로, 많은 전이금속 이온은 Lewis 염기(전자쌍을 내어 줄 수 있는 분자나 이온)와 결합(배위결합)하여 복잡한 구조의 배위화합물(coordination compound) 또는 착물(complex)의 상태로 존재한다. 예를 들면, Ni^{2+}이온은 수용액에서 여섯 개의 물 분자와 배위결합 한 $[Ni(H_2O)_6]^{2+}$ 상태로 존재한다. 이 착물에서, 각 $Ni—OH_2$ 결합에 사용된 공유전자는 물 분자가 제공한 것이다. 이 착물의 물 분자처럼, 전자쌍을 일방적으로 주면서 금속과 결합하는 분자 또는 이온을 리간드(ligand)라 한다. 흔히 $NiCl_2 \cdot 6H_2O$ 로 표시되어 있는 금속염은 실제로 여섯 개의 물 분자가 금속에 배위된 $[Ni(H_2O)_6]Cl_2$로 존재한다. $CuSO_4 \cdot 5H_2O$의 네 개의 물분자도 금속이온에 배위되어 있다.

$$[Ni(H_2O)_6]^{2+} + 3en \rightarrow [Ni(en)_3]^{2+} + 6H_2O \qquad (1)$$

ethylenediamine (en) = 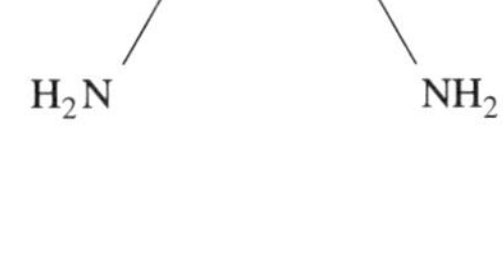

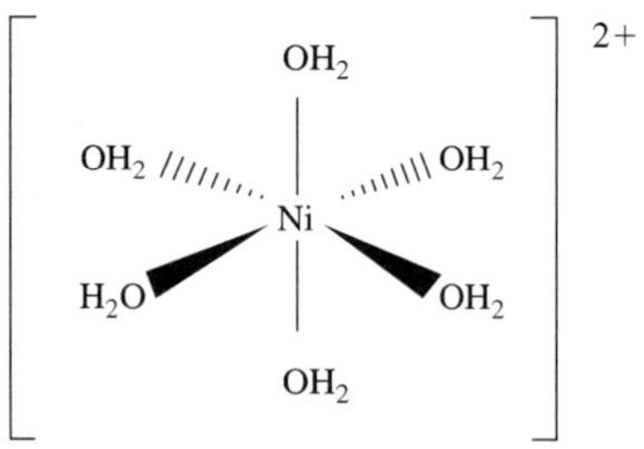

$[Ni(H_2O)_6]^{2+}$

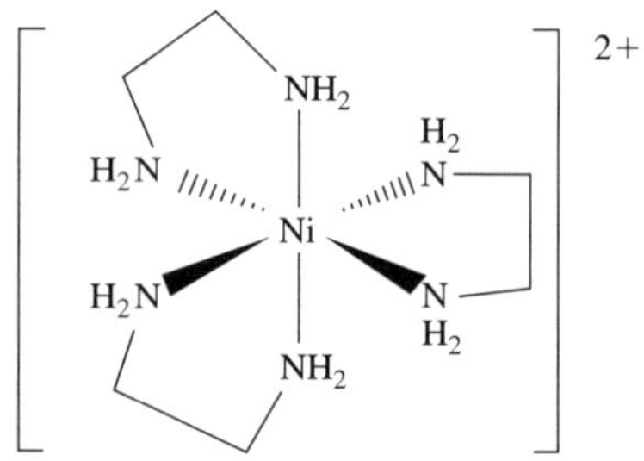

$[Ni(en)_3]^{2+}$

전이금속 착물의 대표적인 특성은 독특한 색깔을 띠고 있다는 것이다. 착물의 색깔은 금속이온의 종류와 산화상태, 리간드의 종류, 결합한 리간드의 수와 배치방식 등에 따라 매우 다양하게 변한다. 본 실험에서는 몇 가지 전이금속 착물을 합성해 본다. 이 실험을 통하여 전이금속 착물의 구조, 색깔 및 성질 등이 금속과 리간드에 따라 변할 수 있다는 사실을 확인할 수 있을 것이다.

〈가〉 니켈(II) 착물의 합성과 성질

목 적 PURPOSE

니켈(II) 착물 $[Ni(en)_3]Cl_2$를 합성하고 그것의 특성을 알아본다.

재료 및 기구 REAGENT & APPARATUS

$NiCl_2 \cdot 6H_2O$, ethylenediamine ($H_2NCH_2CH_2NH_2$), 메탄올, 비이커, magnetic stirrer, magnetic bar

실험 방법 PROCESS

1 $[Ni(en)_3]Cl_2 \cdot 2H_2O$의 합성

먼저 $NiCl_2 \cdot 6H_2O$ (또는 $[Ni(H_2O)_6]Cl_2$, 3g)와 메탄올(약 20mL)을 비이커에 넣

는다. 이 비이커에 99% 에틸렌디아민($H_2NCH_2CH_2NH_2$, 2.6mL)을 저어주면서 천천히 첨가한다. 혼합물을 실온에서 약 5분간 더 저어준다. 이때 처음 가한 고체는 용해되지만, 새로운 고체가 침전된다. 생성된 고체를 분리한 다음 소량의 메탄올로 세척한다.

2 $[Ni(en)_3]Cl_2 \cdot 2H_2O$의 성질

01. 생성물인 $[Ni(en)_3]Cl_2 \cdot 2H_2O$의 색깔을 $NiCl_2 \cdot 6H_2O$ 의 색깔과 비교한다.

02. 이 착물의 일부를 소량의 물과 소량의 메탄올 용해시켜 보고, 이 착물의 두 용매에 대한 용해도를 비교해 보시오. 또 그 결과에 대한 이유도 생각해 보시오.

03. 이 착물의 수용액에 1.0 M HCl 용액을 한 방울씩 저어주면서 가해 보시오. 이때 일어난 변화를 기록하시오.

04. 위의 용액에 1.0 M NaOH 수용액을 한 방울씩 저어주면서 가해 보시오. 이때 일어난 변화를 기록하시오.

질문 QUESTION

01. $[Ni(en)_3]Cl_2 \cdot 2H_2O$와 $[Ni(H_2O)_6]Cl_2$ 의 색깔이 서로 다르다면, 그 이유는 무엇인지 적어보시오.

02. 물과 메탄올에 대한 $[Ni(en)_3]Cl_2 \cdot 2H_2O$ 용해도가 서로 다르다면 그 이유는 무엇일까?

03. $[Ni(en)_3]Cl_2 \cdot 2H_2O$의 수용액에 1.0 M HCl 용액을 가했을 때 일어나는 변화를 화학식으로 설명해 봅시다. 또 이 용액에 1.0 M NaOH 수용액을 가했을 때 일어나는 변화를 화학식으로 설명해 봅시다.

〈나〉 구리 (II) 착물의 합성과 성질

목 적 PURPOSE

구리(II) 착물 $[Cu(en)_2]SO_4$를 합성하고 그것의 특성을 알아본다.

$$CuSO_4 \cdot 5H_2O + 2en \rightarrow [Cu(en)_2]^{2+} + 5H_2O \qquad (2)$$

재료 및 기구 REAGENT & APPARATUS

$CuSO_4 \cdot 5H_2O$, ethylenediamine, 메탄올, 비이커, magnetic stirrer, magnetic bar.

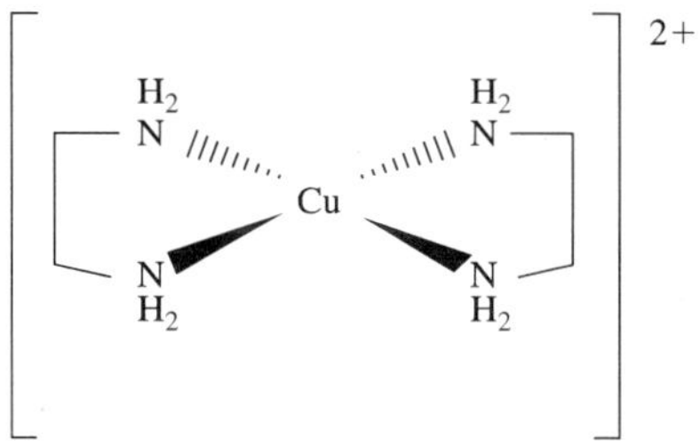

$[Cu(en)_2]^{2+}$

실험 방법 PROCESS

1 $[Cu(en)_2]SO_4$ 의 합성

먼저 $CuSO_4 \cdot 5H_2O$(3 g)와 메탄올(약 20 mL)을 비이커에 넣는다. 이 비이커에 99% 에틸렌디아민(1.6 mL)을 저어주면서 천천히 첨가한다. 혼합물을 실온에서 약 5분간 더 저어준다. 이때 $CuSO_4 \cdot 5H_2O$는 용해되지만, 색깔이 다른 새로운 고체가 침전된다. 생성된 고체를 분리한 다음 소량의 메탄올로 세척한다.

2 $[Cu(en)_2]SO_4$의 성질

01. 이 착물의 색깔을 니켈(II) 착물인 $[Ni(en)_3]Cl_2$의 색깔과 비교한다.

02. 이 착물의 일부를 소량의 물과 소량의 메탄올 용해시켜 보고, 두 용매에 대한 착물의 용해도를 비교해 보시오. 또 그 결과에 대한 이유도 생각해 보시오.

03. 이 착물의 수용액에 1.0 M HCl 용액을 한 방울씩 저어주면서 가해 보시오. 이때 일어난 변화를 기록하시오.

04. 위의 용액에 1.0 M NaOH 수용액을 한 방울씩 저어주면서 가해 보시오. 이때 일어난 변화를 기록하시오.

질문 QUESTION

1. $[Cu(en)_2]SO_4$의 색깔이 $[Ni(en)_3]Cl_2$의 그것과 서로 다르다면, 그 이유는 무엇인지 적어보시오.
2. 물과 메탄올에 대한 $[Ni(en)_3]Cl_2$ 용해도가 서로 다르다면 그 이유는 무엇일까?
3. $[Cu(en)_2]SO_4$ 의 수용액에 1.0M HCl 용액을 가했을 때 일어나는 변화를 화학식으로 설명해 봅시다. 또 이 용액에 1.0M NaOH 수용액을 가했을 때 일어나는 변화도 화학식으로 설명해 봅시다.

실험 26 전이금속 착물의 합성과 성질

실험일자 :

실 험 자 : 학번 학과 조 이름

일반화학실험

2009년 3월 10일 초판인쇄
2009년 3월 15일 초판발행

저 자 | 강태종, 강신걸, 김학중, 김장섭,
김창진, 김선덕, 장승현

펴 낸 이 | 김 중 현

펴 낸 곳 | **녹 문 당**

주소 | 서울특별시 마포구 염리동 36-249 202호
전화 | (02) 713-2711 FAX | (02) 713-2710
등록 | 서울 제 19-100호

ISBN 978-89-88684-65-8 93430 값 12,000원